IQ POWER-UP

101 ways to sharpen your mind

IQ提速

提高脑力的101个要点

[美] 罗恩 · 布里斯◎著
陶金◎译

当代世界出版社

图书在版编目（CIP）数据

IQ 提速：提高脑力的 101 个要点 /（美）布里斯著；
陶金译 . —北京：当代世界出版社，2015.7
ISBN 978-7-5090-1019-8

Ⅰ. ①I… Ⅱ. ①布… ②陶… Ⅲ. ①智力开发－通俗
读物 Ⅳ. ① G421-49

中国版本图书馆 CIP 数据核字（2015）第 019871 号

北京市版权局著作权合同登记号：图字01－2015－0446号

IQ 提速

作　　者：（美）布里斯
出版发行：当代世界出版社
地　　址：北京市复兴路 4 号（100860）
网　　址：http://www.worldpress.org.cn
编务电话：（010）83908456
发行电话：（010）83908455
（010）83908409
（010）83908377
（010）83908423（邮购）
（010）83908410（传真）
经　　销：新华书店
印　　刷：三河市祥达印刷包装有限公司
开　　本：700mm × 960mm　1/16
印　　张：11
字　　数：150 千字
版　　次：2015 年 7 月第 1 版
印　　次：2015 年 7 月第 1 次
书　　号：ISBN 978-7-5090-1019-8
定　　价：26.00 元

IQ 序言

POWER-UP

为确保儿童智力的健康发展，智商（IQ，即 Intelligence Quotient）监测在婴儿期就已经开始。在学习中，IQ 测试被用于衡量我们的学习能力，可以帮助我们确立今后进一步深造的方向；在工作中，IQ 评估成了人才招聘和晋升的重要参考；而在医学中，IQ 测试可以用于诊断老年痴呆症，监测脑损伤程度及恢复情况；甚至，IQ 测试被用于决定一个罪犯被囚禁的方式。

就算你在成年之前从未接受过智力测试，你的 IQ，对于你生活各方面，都有深远的影响。它不仅关系到你所从事的职业（包括你的业绩），还牵涉到你对高速运转世界的认知以及有效地与其复杂结构产生互动。如辨别事物的颜色，判断事情正确与否，了解他人对你的观点和态度。

通过第一章我们可以了解，有多种途径能够判断 IQ，但是用来判断智商的 IQ 究竟是如何产生的呢?

IQ 进化史

IQ 的概念最初是在 20 世纪初由法国的阿尔弗雷德·比奈制定的，用于判断特殊儿童能够接受的教育程度。他的想法产生了积极的回应并迅速地被广泛运用在了诸如教学进展，为人们匹配合适的工作上。

一个针对儿童制定的公式如下：

$$100\times\left(\frac{\text{精神年龄}}{\text{生理年龄}}\right)$$

然而这个公式并不适用于成年人，针对成年人有一个系统性的评估（详见正文第 5–7 页）。

一个世纪以来，IQ 的理念逐渐发展并超越了比奈当年的心理测量学的狭窄定义。一般影响智力的因素，又被称为“g”理念，几乎是与比奈评估同时流入领域的。虽然“g”理念几乎涵盖了 IQ，包括遗传在内的各种因素，然而它还是遗漏了社会和文化因素构成的重要影响力。“g”所涉及的一个全新概念是流体 IQ 和固体 IQ 的区别。流体 IQ 指的是与生俱来的学习能力、分解能力，而固体 IQ 则是在学习以及经历中所储存的具体知识。

在过去的 25 年中，两项更先进的研究成果在解释智力构造时有着更为显著的效果。在哈佛大学心理学家霍华德·加德纳具有突破性的著作《智能的构造》（1983）中，将智能的定义由传统的语言与逻辑能力理论进行了概念性的拓展，加入了多重智能的表现，如空间智能、音乐智能、动觉智能等。其后，在 1995 年，丹尼尔·戈尔曼所普及的情感成熟度是智能的另一种体现的概念取得了显著的成绩，它为职业心理学领域开创了一个全新的分支。我们将在第六章看到，情商能够剖析 IQ 并且对深度探索 IQ 起到至关重要的作用。

新大陆

在加德纳、戈尔曼以及其他领域先驱者重新定义智能的概念的同时，科技上的进步，例如磁共振成像技术为神经学家呈现并绘制实时的大脑活动，使我们对于人类的思维方式有了更具体的认识。

目前我们对于大脑的奥妙，以及大脑与心智之间的联系等方面的认知还处于起步阶段，但不断有新发现在改写着我们的教科书，一种对于记忆的性质新崛起的理论，为成年后可能提高 IQ 带来一抹新的曙光，直至最近我们才知道 IQ 差不多在我们学生生涯结束的时候才停止增长，甚至还有更新数据表明，成年人的大脑的确存在着创造奇迹的潜力：一个被称为神经元再生的过程能够促使脑细胞再生。

拓展思维

你在各个图书馆或者书店里都能发现不少用来测试你语言、空间、数字、逻辑能力的拼图或互动游戏产品。同样的，如果你在网络搜索栏输入“IQ 测试”，亦会跳出成千上万条搜索结果，如果你热衷于测试思维敏捷度，那么这些对你来说都是不可抗拒的诱惑，我想这一定也是你正在阅读此书的理由。这本书的开篇就说，拓展大脑思维是磨炼应试技巧和锐化反应的一个好办法，然而仅这样做却无法用逐渐增长的高智能丰富你的生活。

寻找超越狭隘定义的 IQ 测试，将各类智能用于发掘聪明的方法，以润色你生活的各个层面。这本书将会为你提供全面的指导和启发，在它的帮助下你将受益无穷：

- 快速思考能力。
- 增强头脑信息储备量以及对信息的灵学活用。
- 扩大适用于工作、学习或日常生活的知识基础。
- 改进信息管理，去芜存菁。
- 调整适应能力以便应对各种变数，增强战略性思考能力。
- 增强解决问题的能力。
- 树立全局观，能够观察大局，而不是片面看待问题。
- 从多个角度审视问题的能力。
- 改善信心，学会听从内心的声音，知道什么时候应该相信直觉。

很少有人能够在某一方面充分利用到我们大脑的潜在资源。这本书将全方位引导你了解、调节以及提高大脑的功效，令你能够将独特的知识和洞察能力发挥到极致。

IQ 目录

POWER-UP

1 探索IQ

2 IQ的构建模块

3 因思考而思考

4 运用脑力

5 小聪明

6 掌握你的资本

附录　练习题

答案

1 探索 IQ

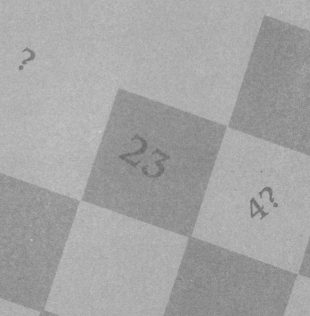

IQ POWER-UP

我们许多人都曾做过IQ测试，可能是在校期间，也可能是离校以后。然而IQ成绩究竟意味着什么，它在我们成年以后的生活中又起着怎样的作用呢？本章讨论的主题是IQ测试的性质；IQ的数值是如何决定的；什么测试可用作测量，又有什么测试不能够；如何磨炼测试所需的各类技巧。最后是一份调查问卷，通过回答问题来锁定你对IQ的个人态度，解析IQ的精髓所在，给出一个提高智能的全面建议。

什么是 IQ，什么不是

IQ（Intelligence Quotient），也就是智商，是心理学家用来测量包含逻辑、推理、快速思考和知识量等智能在内的思维能力的一种方式。通过测量这些能力，能够衡量一个人的智能。简单吗？答案毫无疑问是否定的。

IQ 等同于智力吗？

IQ 看似是一个固定的实体，因为可以通过测试来给出一个数值。可实际测试结果究竟具有怎样的意义呢，它能够代表我们的整体思维和推理能力吗？

目前为止，心理学家对于 IQ 的构成以及准确测量 IQ 的方式还没有一个统一的说法。因为与生俱来的天赋和所学技能之间的界限并不是那么轻易就被标示出的。用于区分智能微妙之处的新颖方式在不断被制定出来，测试也不断被改良，尽可能删减掉其附带的文化偏见和一些含糊不清的概念，但在普及知识和词汇等领域中，困难依旧存在。IQ 的相关性仍旧是一个被激烈讨论的话题，因为人类的大脑是如此丰富多彩，而人与人的多样性是很难用一个准确的数字来代表的。

IQ作为测量成就的标准

据资料统计显示，IQ和成就之间存在着一定的正比关系，换句话说，IQ同社会问题存在着反比关系。高IQ，往往意味着在中学、大学以及工作中都有着出色的表现，IQ占前5%的人，倾向于高收入阶层；反之，统计数据表明IQ占最后5%的人，多存在着各种社会问题，触犯法律或入狱：他们的生活困苦艰辛。

但是，正如我们将在后面看到的具体分析那样，IQ得分是建立在一个相当狭窄的能力范围之内的，而成功却因人而异。它多是来自于先天天赋和后天所学技能的结合，也与我们的适应能力和效率相关。许多高IQ的人生活并不顺心如意，而有着平均IQ的人也因为能够充分发挥自身潜力而取得巨大成就。然而，这样的结果并不能颠覆IQ测试，虽然IQ测试并不能提供完整的情报分析，但是它所测试的各项技能要远远比正规学习和职业发展重要得多。

10个常见误区

对有关IQ的误区你不用感到有压力。这里所说的只是一些关于IQ的常见误区，它只是提醒你哪些事情不是，或不完全是IQ造成的：

- 常青藤大学的一流学位
- 大量事实信息的储备
- 惊人的记忆力
- 快速计算复杂的数学题
- 能够熟读或引用莎士比亚的句子
- 能够沉着讨论国际政治
- 飞黄腾达的工作
- 自我发掘潜力的能力

- 成功的标准
- 由基因产生的社会及教育发展

测试IQ

IQ测试通常隐藏在各种名目之下，例如为医疗教育用途制定的测试，面向职场的简化版本测试，或仅仅用来自娱的测试。不论是哪种，对于技能上的要求都差不多。

韦氏量表

最为广泛运用的官方IQ测试是韦氏成人智力量表（WAIS）。该测试由美国心理学家大卫·韦克斯勒于1939年拟定通过，它将智能定义为："世界范围内个体的理性思考能力，行为表现意义程度的能力，有效处理环境问题的能力。"这个测试适合于医务人员为病人做智能评估——例如在脑溢血或者脑损伤之后。另外还有一个儿童版本的韦氏儿童智力量表（WISC）被学校使用。

这种全面的IQ测试不光是为个人的总体智能做评估，它也可以探测到你在某些领域中的强项和弱项——比如中等偏上的推理能力，或对于数字和字母的灵活运用。

为了能够准确描绘出大脑资质，韦氏测试划分为4个大区域（类目）以及14种能力：

- 处理速度（快速准确接收并解读信息的能力）
- 感知组织（辨别视觉图形和感知细节的能力）
- 语言理解（用语言组织并表述信息的能力）
- 工作记忆（字母/数字记忆和组织序列能力）

处理速度和感知组织一般都被视为先天的能力。另一方面，语言理解往往受到正式以及非正式的教育影响颇多。而工作记忆，则包含了算数计算以及对于事物的记忆力，在之后我们会针对这一方面进行详细探讨，最近的一些研究也表明这一区域是提高 IQ 的关键所在。

其他测试

只有专业心理医生才能够进行韦氏测试。所以在大多数情况下，你能够接触到的测试是由门萨或者书籍、网络上提供的带有娱乐性质的测试。这些测试主要覆盖了智能的三个方面：语言、算数、逻辑推理。它们虽不如全面管制的测试来得权威，但对于测量心智敏锐度还是起着一定的作用。

其实，IQ 测试作为企业招聘过程中的一个测试项目出现也不足为奇。这类测试大多采用了和 IQ 测试相同的时间限制和题型，目的并非是要对 IQ 进行精准测量，而是因为它对于雇主和招聘人员来说是一个非常有用的评估标准，比如，评估候选人的算数、语言天分或从一份报告中提取重要信息的能力。

IQ 的表达方式

为了能够提供一个有效的对比基础，IQ 测试必须以严格系统化的方式管理，以确保每个人都拥有相同的体验。成人的 IQ 等级的评定标准是整体人口的平均成绩，被设置在 100 分。将结果绘制成的曲线图是一个钟形，也就是大部分人的分数都聚集在中央隆起的部分，罕见的分数分布于两侧（参照下图）。约三分之二的人的分数是在 80–115 之间。

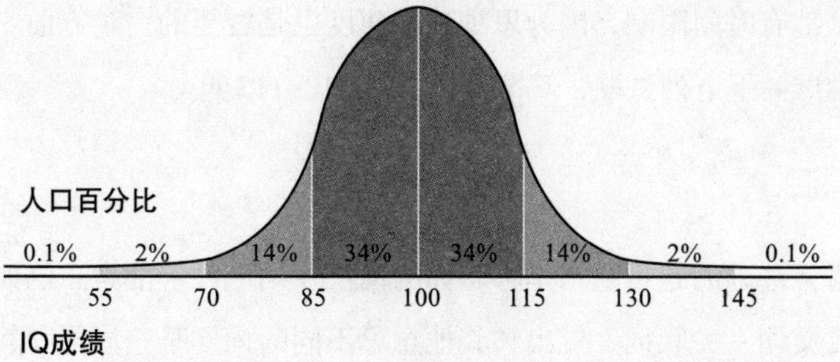

由于 100 分是一组或一群人的平均成绩，因此它所代表的并非是确切的智力水平。并且通过对不同时代、不同国家观察来看，智力水平也的确存在着差异（请见 52–53 页）。

大多数人并不清楚自己的 IQ 等级：一般都是通过在学习或工作中的造诣而简单判断出自己在曲线图大约的位置。许多人低估了自己的实力，或认为他们的 IQ 并不理想，所以在某种意义上利用其他优势来补足。这本书能够帮助你提高 IQ 成绩——然而最重要的是，它能令你的智能得到充分发挥。

IQ 测试采样

不论你是否希望在工作中表现出色，或仅仅把提高 IQ 成绩视为一种挑战，从中你都能够掌握 IQ 测试常见的题型，并理解其所要求的各项思维能力。

测试的结构

正式的 IQ 测试都分几项子测试，每一项都要比前面的更困难，所有人最终都会在某一点上失败。娱乐性质的测试在形式上也大同小异，把不同等级的词汇、算数、逻辑题目都融汇在同一个测试中。所有测试都有时间限制，因为思维处理速度也是智能的一个方面。你可以先尝试一下下列试题，答案将显示在 110–112 页。

词汇

语言基础的题目通常是考验你的词汇及词汇理解能力。例如近义词和反义词、关联词、挑出和其他意思不同的词、某些词语和其相近词语的关系。以下是几个典型的例题：

1. 请在下列词语中找出和 SIMILAR 意思相近的一项，用下划线标示。

   close alike dissimilar same equal

2. 请给出一个能够衔接前后意思的词语：

   free（……）power

3. 温度计对于温度就像手表对于______

4. 从下列词语中找出和其他词语不同的一项。

   drove swam travelled rowed walked

形状和序列

语言基础的测试受到文化限制，所以为了尽可能消除此类偏差，IQ 测试倾向于图像和形状。正如下列问题中采用了一系列形状来考核你识别形状和序列的能力；在此之前，你要先了解图形的创建规则，并灵活运用它们。这里有一个例子：

下面 A、B、C 和 D 中哪一项会出现在序列之后？

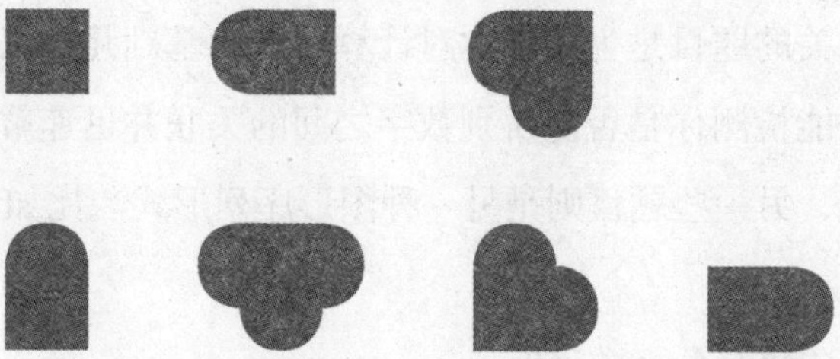

A B C D

当你能够观察到轮廓是由基本几何形状组成时，便不难找到答案。这一系列由起初的正方形，到多出一个半圆，逐步增加到两个半圆。所以答案应是 B，只有 B 添加了第三个半圆。

支配图案的规则同大小、形状、旋转、交替、增加或减少相关。以下是两道比较复杂的题目。你的任务是以最快速度辨认每个序列的规则，然后运用。

5. 下面的问号应该由什么来代替？

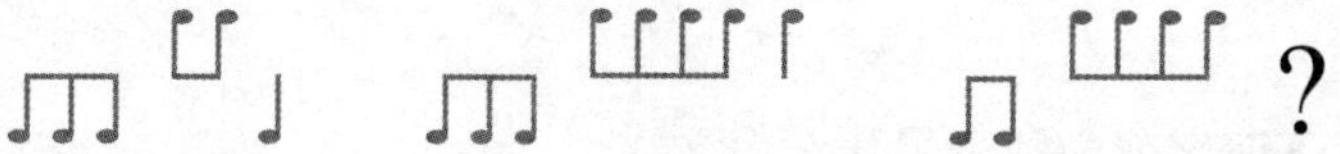

6. 下面 A、B、C 和 D 中哪一项会出现在序列之后？

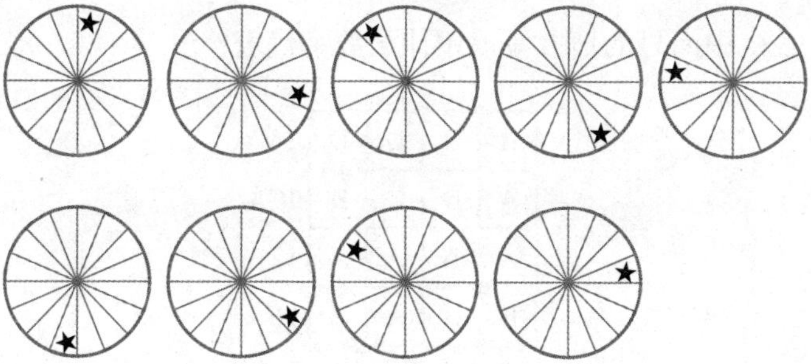

A B C D

数字

算数相关的题目是为测试你对计算功能、基础几何以及代数的理解，同时也能检测你是否能辨别数字之间的关联并迅速解答。有些题目要求计算，另一些题目则是另一种图形序列形式。比如说：

接下来应该是什么数字？

2　　4　　16　　256　　?

当你能够分辨每项数字其实是前一个数字的二次方，你就可以计算出下一个出现的数字应该是 65536（256^2）。

再试试下面的题目：

7. 接下来应该是哪两个数字？

6　5　8　7　11　10　?　?

8. 下面序列中缺少了什么数字？

37　46　?　129　212

9. 表格中问号的地方应该用什么数字代表？

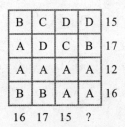

B	C	D	D	15
A	D	C	B	17
A	A	A	A	12
B	B	A	A	16
16	17	15	?	

逻辑

有些表面看起来像算数的问题，实则是逻辑能力测试。

10. 4 个园丁每个人 4 小时可以割完 4 个同样大小的草坪。如果要在 2 个小时内割完 12 个草坪需要多少个园丁（自带割草机）?

另一类逻辑题一般会出现一系列的陈述，让你进行逻辑推理。

11. 所有砖头都是由黏土造的。所有黏土都是硬的。有些黏土是棕色的。下列 5 项陈述中哪两项是正确的?

    A. 所有砖头都是硬的、棕色的。

    B. 所有砖头都是棕色的。

    C. 只有部分砖头是黏土造的。

    D. 所有砖头都是硬的。

    E. 所有砖头都是黏土造的、硬的。

12. 一颗天价钻石从一条河边上的宫殿中被盗走了。盗匪坐着一艘快艇离去。我们掌握的情况是:

    （1）只有 Pink、White 和 Orange 先生可能参与其中。

    （2）Orange 先生作案时一定会带着同伙 Pink 先生。

    （3）White 先生不会开快艇。

请问 Pink 先生是无辜还是有罪?

空间

这类问题要求你可以想象出平面图形转换成三维立体物品后的模

样，或者想象出一个三维形状从不同视角显示的模样。

13. 下面 D1、D2 和 D3 中哪个方块和 C 的关系等同于 B 和 A 的关系？

A　　B　　C

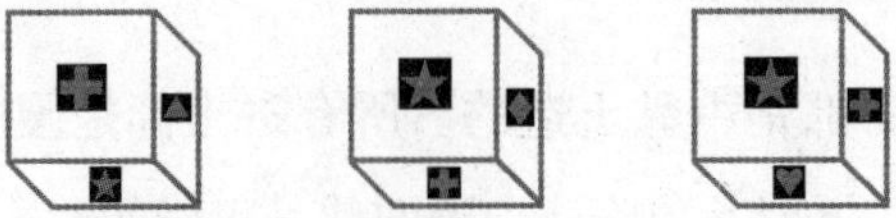

D1　　D2　　D3

空间类题目也会牵涉到设想物品位置改变后，它们之间关系的变化。不用纸笔，你能够快速解答下面的问题吗？

14. 你面朝南方。你向前走 30 步，然后转向东方再走 30 步，沿着逆时针转 45 度，继续走 50 步。再调转方向沿着来时的步伐走 20 步。接着你沿着顺时针转 90 度，走 40 步，然后继续沿着顺时针转 45 度。现在的你面朝哪个方向？

脑速试验

许多 IQ 测试对于速度和准确性都有着同样的要求。在竞技场上，仅一毫秒就能将世界上跑 100 米最快的前 20 名排出名次；而速度的细微差别对于智力表现也同样有着不可忽视的影响。反复练习和良好心态能够帮助你提升约 15 分的 IQ 成绩。尝试用以下方法来提高你

大脑的反应能力吧。

* * * * *

经常做一些 IQ 类测试，帮助你“累积”测试中常见的规则。电脑小游戏或书本杂志上的题目，在娱乐之余也是练习的好机会。

* * *

用纵横字谜、填字或拼字等拼图类游戏来润色你的词汇量和文字功底。

* * *

增进你对数字关系的熟悉度——这往往是识别序列规律的关键。让乘法口诀表、次方、质数再次成为你的朋友。数谜和数独游戏能够增强你的算数和逻辑推理能力。

* * *

锻炼你的规律识别能力。尝试将车牌照上的字母或数字组合成有意义或滑稽的短句。善于发现电话号码或者信用卡号的排序规律。

IQ 对你来说意味着什么？

在深入了解 IQ 更广泛的意义之前，在超越测试和成绩的议题之前，请先回答以下的调查问卷。这份调查问卷能够帮助你识别 IQ 在你生活中所扮演的角色，并对应你的角色提供能够改变你生活的参考模式。

个人 IQ 审核

1. 我感到我的 IQ 是：	
比别人想象的高	A

（续表）

跟大多数人差不多，只是有些人比较走运而已	B
比别人想象的低，只是没被察觉而已	C
是我认为我没有获得成就的罪魁祸首	D
2. 我天生的技能显示了……	
我擅长图形但对文字不敏感	A
我各方面都不错	B
我善于运用能使我达成目标的技能	C
我天生就善于交流但对着数字会发愁	D
3. 在学校，我……	
可以更优秀但是没遇到良师益友	A
喜爱读书，比起交友更专注于好成绩	B
对学业成就不感兴趣，所以对自己的能力也不放在心上	C
喜欢跟拥有同样理想抱负的人在一起	D
4. 我对于学习的态度是……	
因为担心成绩不理想所以抗拒学习	A
不知道学习的意义何在	B
不是很重要——你的实际行动远比你的知识来得重要	C
你可以不断学习新的思考方式，但是资质深厚可不意味着你一定会成功	D
5. 我对阅读的看法是……	
高 IQ 的人比较博学	A
聪明的人读书多，因为他们对世界上的事都充满了兴趣	B
普通人没有时间阅读	C
博学的人不一定 IQ 高	D

（续表）

6. 对于责任，我……	
但凡有机会都会承担额外的工作	A
能躲就躲	B
从没人过问	C
除非有加班费，否则绝不做分外的工作	D
7. 对于直觉与心声……	
我做决定的时候很少听取心声	A
我认为可以的就会做，不会过度分析	B
我感到我的感性和理性一直在冲突	C
何为心声？	D
8. 我对于提前规划的态度是……	
我只活在当下	A
对于想要的就需要计划	B
在达成目标前是不能够享受生活的	C
要在享受生活和拟定长远计划之间找到平衡点	D
9. 对生活的远景是……	
对未来保持乐观积极的态度	A
未来对我来说只是有接下来的 5 分钟——再远的就没意义了	B
相信生活都是命中注定的，我们无法改变太多	C
相信幸运是由自己创造的	D
10. 关于工作上的成就，我认为……	
IQ 越高事业越成功	A
人脉决定事业的成功	B
IQ 远不如你所毕业的大学重要	C

（续表）

成功的人经常冒险	D
11. IQ 和努力两者的关系……	
只有努力工作才能获得成功	A
有些人是天生的赢家，这是不可改变的事实	B
IQ 破坏了努力和成功的联系	C
其实有许多辅助技巧可以令你提高工作效率	D
12. 对于 IQ 造就了现在的我这个观点，我相信……	
我的性格与 IQ 无关	A
我会考虑生活的各个方面，所以 IQ 在我的人际关系中也扮演着某种角色	B
IQ 是我的一部分，但无关于我和他人之间的相处	C
我的 IQ 决定了我是谁	D
13. 对于 IQ 是否影响到生活的问题，我认为……	
只会影响到工作，跟我生活的其他方面无关	A
会影响到我如何使用自己的业余时间	B
只会影响到思维——而我的生活与思维无关	C
会影响我的整体生活	D
14. IQ 是……	
由我的基因决定的，是无法改变的	A
它是基因里携带的，但并不妨碍我的成功之路	B
遗传基因只是一个因素，它受到外界的各种影响	C
每一个经历都会改变 IQ	D

你的成绩

请在下面的表格中找到你每道题的答案，再把对应的分数相加，然后在下一页，你能够通过对得分的总结归纳了解到你对自身智能的态度。

	A	B	C	D		A	B	C	D
1	4	2	3	1	**8**	2	3	1	4
2	1	3	4	2	**9**	4	2	1	3
3	1	3	2	4	**10**	3	1	2	4
4	1	2	3	4	**11**	2	1	3	4
5	1	4	2	3	**12**	1	4	2	3
6	4	3	2	1	**13**	3	1	2	4
7	2	4	3	1	**14**	1	3	4	2

个人IQ审核：成绩

15–26分 你需要加深对于IQ的理解，并找出充分发挥自身能力的途径。你需要规划人生方向，而不是把成功与失败归于外界因素的影响。人生规划的信息（见104页）能帮助你在世界中找到自己的位置，当面对外来力量时能够更强韧。

27–36分 你比自己想象的要更聪明，但你不善于利用你的资源并对自身能力缺乏自信心。当做决策时，要善于运用推理链这样的技巧（见69页）预测各种可能出现的结果。并使用44页上的问题来判断你直观感觉的正确性。

37–46分 你已经掌握了铸就成功的关键因素，因此你能够通过磨炼IQ技巧获取显著的裨益。同时，通过行为上的细微改变，就能超越你的舒适区并且更好地把握自己。你需要建立知识基础（见58–61页），对自己的决策负责。你可以的——相信自己吧。

47–56分 你对IQ在生活中扮演的角色有非常精彩的见解，由此可见你已基本充分运用了自己的智能。你仍可以通过本书的见解和习题进一步提高IQ。另外，你还可以尝试学习其他语言或者乐器。这样能令你的左右脑更和谐地运作（见26页）。

IQ之谜

IQ测试对于某些能力评估起到很大作用，但它并不能完整诠释人类的智能。超越IQ分数范围的才智又该如何被定义呢？

智力与智能

如今智能可能具有多重表现这一观点已经被世人广泛接受。如，被心理学家霍华德·加德纳延伸的观点，所谓的智能还包含了动觉和人际智能。然而这样的能力，要归功于我们作为多面个体的能力与本性的贡献，它已超越了原本被定义为高认知能力的境界，像是理解复杂概念、逻辑推理、策划解决问题等能力。这些智力上的多重能力的表现将是本书的主要议题。

IQ能否提高？

多年来我们一直在争论，究竟纯粹的智能——与后天能力相反——是否能够在成年后继续提高。

科学幻想

从古希腊哲学家到现代神经学的先锋，几千年以来人类一直都醉心于扩大思维能力的可能性。它在科幻小说中的确是一个常见的构想，遗憾的是，类似于“魔法药水”的科学证据和有效的科技支援还未能降临。人类大脑功能的革命性改变还在遥远的未来，而目前脑神经学家提供的只是谨慎的建议。

科学现实

能够优化IQ的途径主要有三种：

- **练习** 定期练习对于提升IQ成绩可起到很大作用，同时也能提升速度和记忆力。这些都是重要因素，同时也受到了一定限制，因为它不包含明智的判断和准确的决策能力。
- **潜力意识** 在第二章中我们可以看到，大脑的平衡包含了营养、练习、抗压和良好的心理。这种平衡，与经过磨炼的推理能力结合，能跨越你的思维处理障碍，令你更为巧妙地思考，并为优化IQ构建基础。
- **提高IQ** 通常我们认为一个孩子的IQ在13岁之前都能够不断提高，有时甚至可以发展至18岁，之后IQ便会定型。新的研究表明，成年人也能够提升他们的IQ。有专门的营养辅助品和促智药（亲神经性药物）被研发出来，最令人兴奋的莫过于关于“工作记忆”能够提高脑力的研究报告（见63页）。

通过多重途径实际提升IQ的概念确实很诱人。但是能真正令你智能改变的钥匙却掌握在你自己手中，通过自我锻炼学会使用你早已充分拥有的智能资源吧。

超越钟形曲线

我们在IQ测试中的表现会根据我们的注意力、对于题型的熟悉度，甚至我们的情绪变化而出现起伏。这说明了两个问题：即便精心制定的IQ测试，仍然只是一个对于智能的狭窄范围评估；甚至是前一晚的睡眠不足也能影响我们的发挥，同样的，如果我们能够掌握自身最佳状态，那么便能够充分发挥潜能。

如果你开始意识到智能的概念其实比你在钟形曲线图上看到的与其他人关系对应位置（见7页）更广泛，那么你的智能已经产生了一种与以往不同的改变，对你来说它的意义更为个人化了。将思维技巧充分发挥，有助于改善你的人际关系，进一步拓展你对目前在世界中的位置以及价值的认知，并大幅提高你实现人生目标的可能性。

IQ：升华定义

IQ是我们处理问题、提前规划及未雨绸缪的能力反射。它与我们筛选整合大量信息的能力以及适应环境变化的能力也是密不可分的。总的来说，IQ是一个令思维和个人能力和谐运作的相互作用，它令人类有效率地工作。

2 IQ 的构建模块

IQ
POWER-UP

人类大脑的工作效率受到精神和肢体活动的影响，因而间接受到了外界各种因素的影响，包括从脑细胞和摄取食物营养的关系到环境造成的压力。

这一章会讲述大脑构造和功能是如何影响我们的思考过程的，同时也会探讨身体、心理和环境因素之间的相互作用，以及如何利用这些因素将IQ提高到理想状态。

智能网

IQ 受到多种因素的影响，每种因素对于我们的智能来说都是独特的。在某一方面的弱势毫无疑问会影响到我们智能的充分发挥。

视觉化 IQ

最容易让你立即了解 IQ 各个独立层面的方法就是把它看成一张网，每一条链都是一个重要组成部分。当所有链（因素）全部串联起来时，便意味着 IQ 得到了充分发挥。设想如果某一个或一些方面处于弱势时，这张网看上去又会是怎样的呢——它将会影响到整张网的功能，会完全阻隔联系，甚至连某些原本强势的能力也会被大大削弱。

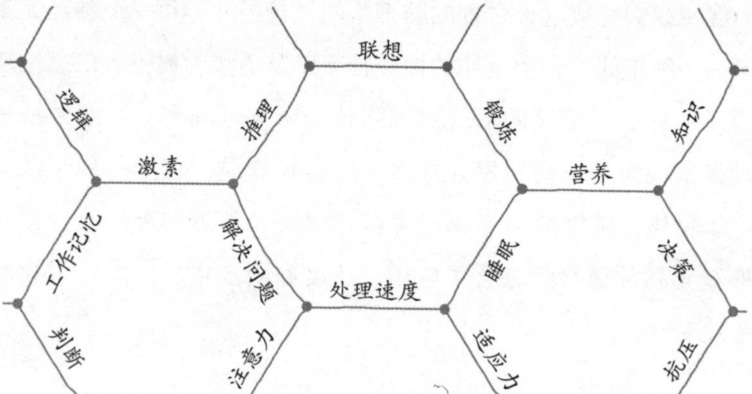

身心联系

哲学家笛卡尔曾说："我思，故我在。"他用简介的言语诠释了思想和身体间的联系。身体因素如心率、血压、肌肉张力、性觉醒、流涎等都会被简单的想法触动或改变。而影响力的作用也可以被反过来看，来自于身体的压力也会同样影响到我们的想法。

设想一下如果你48小时得不到食物和睡眠的状态：呆滞、茫然、无法正常思考——在被剥夺了休息和重要的养分后，大脑实际上只能够发挥出一半的效率。这是一个极端的例子，却也只是程度不同而已。不论你天资多么聪颖，当你的大脑不具备最佳条件时，它便不会发挥到最佳状态。

生理和心理因素会导致IQ无法充分发挥，然而进入这一话题之前，我们必须先看一下大脑本身是如何运作的。

大脑运作

我们所感受到的每一个想法和每一种情绪——无论是阅读侦探小说，还是回忆一首诗歌，或是感触到火焰的灼热——大脑都会在电光石火间完成一系列接收、吸纳、传递信息的连锁反应。

促使我们完成这个过程的脑细胞叫做神经元。每一个神经元都包含了一个细胞体、一个延伸的神经轴突以及链状的树突。信息被转换成为了一种电子信号的形式由细胞传送至神经轴突。当信号抵达神经轴突末端时，便会触发并释放神经传导物质，它是一种叫做突触的化学物质，能够穿越微小缝隙抵达树突及邻近的神经元。数百万的神经元和数亿突触综合了电压、速度和同步化后，决定了我们的思考效率。

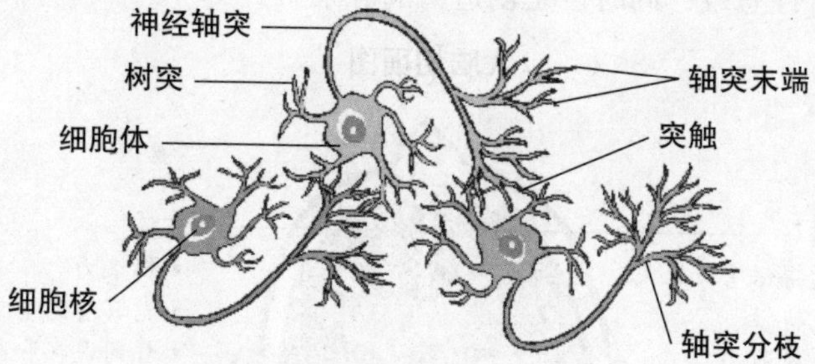

这套神经系统便是我们学习和体验的路径图，我们通过“硬接线路”来处理信息。儿童大脑每时每刻的处理速度都令人叹为观止，而成年人往往能够建立更新颖、聪明的连接——不过相对于遁寻多年前的路径来说要稍微多费点工夫。当我们的大脑受损之后，例如脑溢血，绕开受牵连的神经元重新建立新的路径意味着大脑逐渐适应接受新思考方式的能力。

从动脑游戏、学习新技能、解决问题，到保持身心健康等，都是能够令这套系统保持强健、灵敏的因素。

大脑的两半

大脑沿着中轴被分为了两半，又称为半球。每半支配着身体相反的一边：人体左脑控制了右半身，而右脑则是左半身。这样布局的真正原因至今仍是神经心理学上的未解之谜，而我们目前所知道的是每一半大脑对于我们的思考过程都有着其独特作用。

左脑，右脑

左脑侧重于语言、技术——我们通过它来理性地获取信息，例如，数小时的网球训练被融会贯通，牢牢掌握。而我们的右脑能够生成全面、综合性思维，同时也是创造力的源泉。

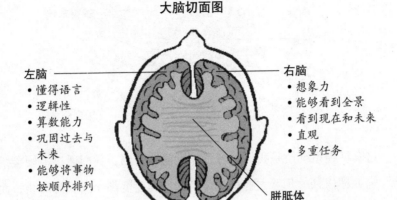

大脑切面图

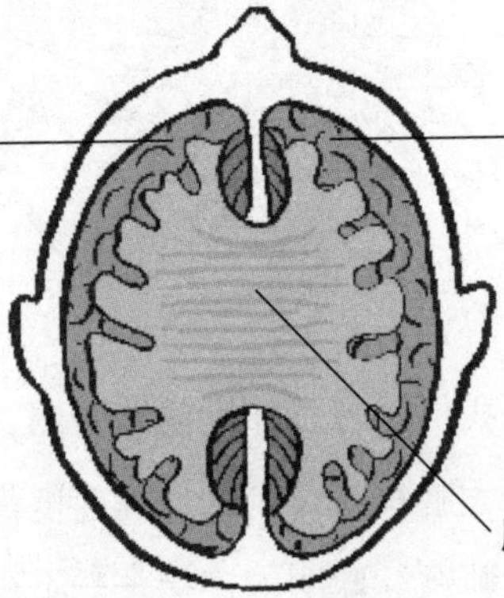

面对各种任务，左右脑就像在进行一场协奏音乐会，它们由一股叫做胼胝体的粗大神经联系在一起，神经的粗细程度也因人而异。有调查指出，神经粗细与左右半球交流力度、速度有关。有一项研究称善用左手的人胼胝体较粗、较效率，在左右脑同时进行快速复杂的活动时，这些人具备了一定的优势。这也许正是为什么有大量的左撇子，如网球运动员和建筑师，成为了顶尖运动选手和专家的原因。

左右脑之间的协调是一套极其复杂的程序，由一个中枢系统进行编排。它就像一个首席执行官在一个公司起到的作用：思想引导，计划哪些信息该由大脑的哪个部分来处理，怎样处理。这是个自然发生的过程——但是你却可以通过锻炼 IQ 技能来改善它的效率。

综合型思维

提高 IQ 的要领是打造一个和谐的、相互作用的左右脑。在解决问题、评估或储存信息时，尽量将两边的能力都用上，这样能够加深理解，提高思维处理速度，以及增进记忆。

如果你能够同时看到和听到，你会发现你接纳信息会来得更容易——例如，新闻播放的同时附带上图片或者地图。多模态便是左右脑的同时作用的一种代表方式：左脑的运作通过你听到的描述来触发，而右脑则是通过图片触发。

综合型思维练习

接下来的练习能够促进你同时使用左右脑。

- 下面的练习被称为斯特鲁普测试，使用彩色铅笔书写出颜色的名称，每种颜色都要有别于实际对应的颜色：例如，绿色用红色铅笔。先朗读出你看到的字，然后再试着说出你真正看到的颜色，而不是字。（你在互联网上也能寻找到这种类型的测试题。）
- 想象某种事物，也可以是某种组群，如动物。例如："我的杯子看上去像八爪鱼触手上的吸盘，"或"那家公司就像一头暴怒的犀牛撞在了树上。"
- 尝试使用你不擅长的那只手写字画画（如果你是右撇子那么就用左手，反之亦然）。特别注意你在使用时，生理和心理上的感觉。

西班牙语词汇

学习外语是左脑的天职，然而当混合左脑的双关语能力和右脑的视觉图片能力，你能够更好、更有效地将词语印在脑海中。

拿以下的西班牙语词汇来说，通过将新词汇和生动的画面联系在一起，能够使学习过程更具效率。

Gato（猫）：想象一只猫钻进了黑森林蛋糕（gateau）中。

Mirar（看着）：想象你专注地看着一面华丽的镜子（mirror），镜中映射着自己的身影。

Parada（公车或火车站）：想象一支喧闹的节日游行队伍（parade）

突然在闪烁的停止指示牌面前止住了脚步。

工作记忆

工作记忆的容量和我们的总体智能有着很大的关联，近年来研究显示出这种容量——也就是智力能力，在成年人和儿童身上同样能够得到提高。

什么是工作记忆?

工作记忆实际上就是人们所谓的暂时性记忆。然而我们普遍所说的暂时性记忆的解释是“不远的过去”(“我昨晚吃了些什么”，“我出于什么原因上楼来了”)，这些都是最近被储存进我们长期记忆的回忆，所以这并不是一个有效的定义。

工作记忆实际上是一种大脑捕捉和操纵信息的能力。例如，我们通过它，能够正确地拨打刚刚获得的电话号码信息，心算能力，通过对话对辩论论点做出理解。工作记忆实际上属于一个信息的“搁置港口”，这些信息将会被利用、摈弃或作为长期记忆储存。

工作记忆的运作过程

工作记忆由“大脑中枢”(见26页)将接收到的知觉、语言或其他信息在大脑的两个系统中进行处理。我们读到或听到的词语和数字，由左脑的“语音回路”处理，而视觉空间信息，如你读到书页中的具体位置或物体的形状，由右脑的“视觉空间画板”进行处理。

这两个系统并不是在独立运转的，大脑中枢将两边的输入协调在一起做出综合处理。例如，阅读地图的同时接收并操纵语言信息（街道名）和视觉信息（街道之间的关系）。

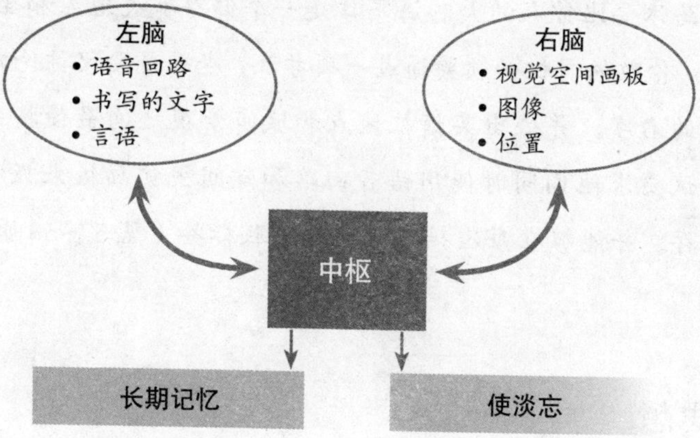

运作中的工作记忆

一般来说，我们的工作记忆可以搁置 7 条数据，比方说电话号码的数字。你可以验证它正确与否：请人为你吟诵一组随机的数字，然后试试你是否能重复背诵出。然后再做一组相同的练习，但用倒序来吟诵。大多人可以记住正序 7 个数和倒序 5 个数左右。

再想想你是如何做到的。首先你会对自己念出数字——这是语音回路的“彩排”部分。可当你需要回忆一组倒序的数字，特别是超过 5 个数字以后，你大概就能描绘出数字的样子，类似于在脑海中书写出来一样。也就是说此刻你正在动用大脑的视觉空间画板。

因为你的工作记忆不仅是一个“存储设施”，还是一个处理枢纽，它的改善将会对智能产生更广范围的正面影响。在第四章中，你将了解到改善工作记忆的实际概念。（见 63–64 页）。

拓展思维的小知识

改善记忆不光能够增进你的智能，还能够改变你的大脑结构。一项著名的科学研究是对伦敦出租车司机大脑进行扫描，发现这些司机的海马体要比常人的大。海马体是一个储存有关地点和坐标记忆的容器。伦敦的司机必须要通过一项考试，也就是要记住伦敦 25000 条街道的名字，并给出某随机地点和城市景观之间最便捷的路径。这项考试要求他们同时使用语音回路和空间视觉画板来吸收信息，有效保存，并能够在每次接客时通过关联标签（见 57–58 页）进行提取。

充实思想

调查已证实了食物摄取和儿童 IQ 相关：食物贫乏的儿童在开始摄取营养平衡的三餐后大脑功能得到了大幅增长。越来越多的证据表明：不论什么年龄，良好的营养都能够增强思维能力。

食物的作用

两大生理系统决定了大脑的全面运转，它们是：

新陈代谢 它是身体中所有的化学过程，包括将食物转化为身体和大脑的“燃料”。

神经系统 大脑神经和神经元路径，形成记忆和处理信息，使我们能够联想。

思维由 4 种主要的神经递质或“化学信使”介导，以下是它们的名称，它们穿梭于神经元路径之间（见 24–25 页）；某些食物对于这些化学物质来说是极好的养分来源。

- **多巴胺** 管理注意力和意志力，提示大脑去集中搜寻物质和心理回报。食物来源：黑巧克力，鸡肉，燕麦。

- **乙酰胆碱** 管理信息处理和信息感知，帮助大脑编码及提取记忆。食物来源：鸡蛋，油梨。
- **γ－氨基丁酸** 控制其他神经递质的强度，帮助管理焦虑。食物来源：杏仁，西兰花，坚果。
- **五羟色胺** 管理情绪，帮助控制一些冲动行为。食物来源：火鸡，香蕉。

葡萄糖：大脑的燃料

葡萄糖来自于碳水化合物，大脑不会区分它的具体来源：全麦米、一勺蜂蜜或者一块巧克力都能够成为供源。唯一的区别就是它们抵达大脑的速度，简单碳水化合物如水果、甜食或白糖能够被快速吸收，而从复合碳水化合物如通心粉、麦片和土豆中分解出葡萄糖就是一个相对较慢的过程。前者能够突然使大脑“兴奋”起来，后者则是一个细水长流的过程。

虽然我们的身体可以从储存的脂肪中提取能量，大脑却不能储存葡萄糖，它需要不断被补充。一次补充太多反而会有害——糖尿病造成的高血糖和低血糖昏迷是糖过盛或过缺的极端例子。

缺少一顿早餐就会影响葡萄糖代谢并降低脑电活性，每天早上从早餐开始，慢慢地、稳步地为身体和大脑提供葡萄糖，最好是一顿由复合碳水化合物如全麦麦片和面包组成的早餐。研究表明，精致的碳水化合物，如白面和白糖会干扰胰岛素与葡萄糖平衡，从而降低IQ正常水平的25%。

保持“细水长流”的大脑食物供给能够帮助你避免通常会经历的午后瞌睡，那时你的身体和大脑能量都会亮起红灯。

一口新鲜空气

大脑所需的另一种重要物质是氧——增加氧气的最好途径就是运动。生理运动能够全面增进身体运作，包括血液循环（也就是为大脑输送氧气）、糖代谢和神经递质活动。

常规锻炼对于情绪、注意力和警觉性都有着正面影响。它还能够促进一种健康的睡眠习惯，而这种习惯能够更进一步提高反应速度和信息处理速度。

将生理运动带入生活并不意味着必须每天出入健身房。最好是你能够根据自己的兴趣爱好和生活习惯来坚持某种运动，不论是每天快步行走还是拳击课程。

欢笑的力量

欢乐笑声能为生理和心理带来多重益处。它能够让你通过深呼吸吸入更多氧气，放松肌肉，降低血压，纾解压力，令自我感觉良好。欢笑对于思维能力也有着正面影响：一个笑话或对于事物的有趣观点能够放飞思维，令你的观点变得深远或对于某些问题产生全新理解。

脑力补给

每周，某种食物和保健品对于大脑的益处（或害处）都会出现大量的主张和反诉。营养的作用是复杂的，并有着相互作用，所以我们不能简单而不负责任地称额外剂量的X或Y能够增强脑力。然而，某些营养成分对于大脑的作用已被我们熟知，包括：

- **Omega-3脂肪酸** 它属于精华脂肪酸群体中的一员，能够帮助维护细胞膜和增进血液循环。研究表明Omega-3脂肪酸能够增进脑力。含有丰富Omega-3的食物有亚麻籽、核桃、菜籽油和鱼油（也证实了吃鱼能变聪明的通俗说法）。

- **维生素B_{12}** 这类维生素能帮助维持健康的神经系统，缺乏会引发记忆力衰退甚至是老年痴呆症（如及早治疗能够逆转）。维生素B_{12}在各种鱼类、贝类和肉类（特别是肝脏）中都能摄取，奶制品中也有少量，蔬菜中没有，海带除外——素食主义者需要将海带作为保健品食用。
- **咖啡因** 咖啡因具有脑刺激作用，从咖啡、茶、可乐和巧克力中都能够获得。只需要两杯咖啡就能够在短时间内提高工作记忆，同时也能够改善情绪和注意力。咖啡因同时还能够触发释放位于大脑前部的多巴胺（见30页）。然而，过量摄取咖啡因会引起过度兴奋，失眠，令忧郁症恶化。

来自心理的影响

我们的精神状态和大脑功能直接的关系往往并不十分明显。然而，掌握了如情绪和性格因素带来的影响能够有效加强思维的流动。

固态和瞬态因素

内在和外界环境中多方面因素都会影响清晰思考的能力。内在因素包括我们的情绪和态度，外界因素包括信息获取量以及社交质量等。

下面的表格阐明了哪些因素会影响我们的思考能力，其中一些因素比较固定，在一生中不会有明显区别，另外一些流动因素：它们包括自然环境的改变或现实环境的变化。这也被称为“态势”因素。而其他因素大多介于这两类之间。它能够帮我们判断当受到某种因素的冲击时我们应该如何应对：例如做一些有趣的事情纾解压力或提升情绪。

固　定	混　合	流动 / 态势
性格　决定了决心的强度。对于失败的反应以及对于成功的渴望。	**态度**　决定了对于利益的观点，冒险的精神。	**情绪**　影响自信心，当你进行某项任务时对于成功的预期。
动手能力　影响你思维的主导地位模式（见 26 页）。	**直观**　你采取的行动受到倾听心声的能力和判断力的影响。	**压力**　来自外界的噪音或者不良人际关系都会伤害到你的日常活动。

IQ 和心流

心流是正面心理科学研究中一个重要的概念。它形容全身心投入在某种事物上时，能力处于巅峰状态的感觉。当你从事于热衷的活动时它便会产生，令你能够清晰地感觉并感到充实。当你全力以赴时你会高度兴奋，以至于感觉不到时间的流动，得心应手的操作则令你感到由衷祥和。

当你在进行某项活动后，往往能感觉到心流，如集中力，但当你意识到它时，它其实已经消失了。这样高度集中的精神状态并不那么容易达到，当然也有某种特定情况能够利于达到心流。许多工作场所，鼓励参与工作的员工都努力攀登知识巅峰，讽刺的是这往往不利于生产效率和创造能力，因为这样的环境往往很难激发心流。有趣的是，越来越多的员工开始发现在心流区域工作所带来的益处。

创造心流极限

有利于激发心流的情况对于每个人都是不同的。尝试不同的环境和状况，将以下情况纳入综合考虑，直到找到能够激发你心流的最佳组合。

* * * * *

环境

确保灯光、座椅、温度和氛围都符合您的喜好。

* * *

干扰

停止一切干扰和不受欢迎的噪音。但这并不代表鸦雀无声：或许有某种背景声音或音乐（见 52 页）能够帮助心流。

* * *

心理

为自己设定一个现实的调整目标——通常像这样的温和外部压力源能够帮助你集中思想。将注意力放在你的强项上，令你对成功产生很高的期待，并排除不安和对于结果的负面想法。

* * *

生理

你需要休息并且为大脑补充所需要的葡萄糖，才能达到心流状态，所以必须确保得到了充足的睡眠和均衡的饮食。有些人的思维会因为咖啡因而变得更敏锐。

3 因思考而思考

IQ

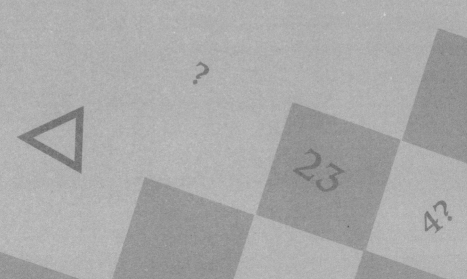

POWER-UP

我们的思维方式能够帮助或是阻碍我们利用自身的智能。IQ 的表现很大程度上和我们的心理状态以及心理技巧有关。

这一章的开篇将讨论学习和智能的一个重要组成部分——元认知，也就是我们对自己思维过程的认知。我们将看到潜意识会影响我们看待问题的方式，我们会设置心理防线抵触潜能的充分发挥。我们还将探索逻辑问题、看待问题的宏观视角以及集中注意力的方法——这些能力将带你超越通过 IQ 测试的特定技能范围，从而令你的一般智能得到提高，而你生活各方面的能力也能得到增强。

元认知

作为人类定义之一的特性，便是我们能够意识到思维的过程——掌握应对问题的常识或追根溯源地，找到解决办法。而心理学家对于这种意识的定义叫元认知。

思考学习

元认知就是“因思考而思考”。而认知或正确思考，是当你将思想放置到新的问题上而产生的，元认知是你对于你在想什么、做什么这个过程的评估。它与学习和解决问题密切相关。

我们每天都在使用这一技巧——不光是工作和学习，还有一些简单的任务如学习新食谱、开车穿越一片不熟悉的区域。当我们开始探究思考过程，便能够更有效、更客观地看待事物。

应用元认知

元认知涉及两个主要因素：自身的知识（包括曲解思维的因素）和控制过程。后者包括了如何计划、如何开展以及对于行动过程的评估。首先，你需要区分挑战的性质（见 72 页），然后参考下面给出的概要。了解每一个阶段的问题，以便更好地控制你的任务。

计划	这项任务需要应用哪些知识和技术？
	我需要多少时间？
	我需要什么资源和材料？
	有哪些步骤需要完成？何时完成？
	首先我要做什么？
监控	我是否已顺利进入状态？是否需要改变方式？
	我是否该加快或放慢速度？
	开始以后事物的状态是否改变过？
	如果遇到困难我该如何应对？
评估	我做得如何？——比预期好、糟糕，还是跟预期一样？
	我做的哪些是成功或有用的？
	我能够改变这样的结果吗？
	该如何运用到以后会遇到的情况中？

智能测试便是锻炼元认知技能的途径之一。把测试当做一个轻松的游戏来做。这样你能够了解到每道问题里包含了哪些技能：逻辑、图形辨认等。随后你的认知便能够自动辨别游戏中所包含的这些技能，例如，你解决逻辑问题的途径同你解决数独谜题的一样。

当学习或阅读新材料时，元认知技巧包括一边进行一边发起自我提问："我理解这个吗？""跟朋友交流时我应当怎样把这个解释给她听？"了解自己作为一个学者的特性也是极有帮助的——试问自己怎样才能最有效地消化信息——再围绕着这些特性拟定学习计划。

潜意识的影响

很多时候，我们的思考都是在无意识中进行的。如果你能够了解心理潜意识对于个人观点的影响，你可以利用它的力量并同时避免一些会误导你的陷阱。

你的心声

潜意识储存了我们的本能的同时，也蕴藏着根深蒂固的思维模式（见 97–98 页）。很久以前的教训也会在潜意识中扎根并化为我们内心的声音：直觉。这个声音有时会有莫大的帮助——令你立刻发现信息，因为你就是知道什么是对的——而有时则是一种误导。

对周围的世界，我们一直不断改观或更替新信息，提取以前的经历或者逻辑推理。但有时，我们的逻辑会因为潜意识中错误的理解而发生扭曲。以下是一些曲解的例子：

- 习惯性使用过期的假设："我认为我不能理解我的银行经理在说些什么，因为我在学校的时候数学一直不好。"
- 以偏概全："因为政治都是虚伪的，所以我不相信她所说的。"

下面我们将看到更多削弱思维的因素，也将看到如何能够锐化观感与客观性。

学会正确思考

过往经历会影响到我们处理新信息和新问题的方式。认识我们思维中存在的习惯性偏见，并一步步纠正它们，从而开辟全新、正确的途径。首先我们要了解抛却习惯性假设并不是不可能完成的智能挑战。

处理曲解

习惯性曲解会削弱大脑的能力。如果我们对自己智能评估过低，会形成一个心理暗示的预兆，削弱了自信心，在面对脑力挑战时表现也会大打折扣。过往经验令我们形成一个“图式”心理框架，在一个范围内的固定事件中起自动引导作用——从做家庭开支账单到朋友间的餐桌政治议题。然而不是所有图式都有正面效应：有些则会打乱我们的观点，造成尴尬的局面。

辨别负面图式

美国心理学家杰弗里·杨定义了18种可能有负面效应的图式，并根据我们自身关系以及和其他人的关系（造成压力的主要原因）划分为5个主要区域。有些图式必须依靠脑力。考虑它们对你思维的影响，辨别阻碍你智能充分发挥的因素。

下列的数对陈述包含了杨图式的5个关键区域。请根据尺度为每个陈述评分，陈述下面将给出分析内容。将每组分数相加并得出总分。高分代表在对应区域内你需要抛弃负面思想。

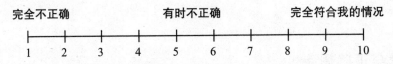

完全不正确　　有时不正确　　完全符合我的情况

1　2　3　4　5　6　7　8　9　10

A	我觉得自己不如别人聪明。
	如果其他人知道我有多么蠢就不会与我交往了。
B	在学校（或工作中）我做什么都不如其他人做得好。
	不要给自己拟定过分高的目标，因为不可能达到。
C	我无法强迫自己做不热衷的事情，即使是对我好的。
	如果我不能达到目标，我很轻易就会沮丧，放弃。

（续表）

D	我觉得我不得不接受他人的观点，虽然我很想表达自己的。
	为了家人和朋友我不得不表现良好。
E	我必须一直表现良好，我不能接受错误。
	我觉得我一直面对着责任和完成任务的压力。

关键区域A：排斥和离群

这个区域的高分意味着你面对他人时的自卑心理，缺乏探索自身能力的信心。

关键区域B：缺乏自主性

这个区域的高分意味着你深信自己是个失败者，你在开始行动和计划前就已经失败了。

关键区域C：缺乏底线

如果在这个区域得了高分，你很可能缺乏自我约束和自我控制能力，令你无法达到设定的长期目标。

关键区域D：受制于他人

高分意味着你以自身发展为代价，过分依赖他人肯定的目光。

关键区域E：过度警惕及压抑

在这些问题上的高分，代表着你对自己设定了过于苛刻的高标准，不给予自己自由实验的空间，在学习新事物上不允许自己犯错。

试着评估一下你的负面图式会以怎样的方式影响你的思维和学

习：它们真的反应出了你目前的生活现状吗？确定哪些模式对思维是无益的，将它们融入实际情况来辨认出哪些是扭曲的错误观点以及过期假设。

增强自信

因为我们害怕别人的眼光，或犯错的恐惧心理作祟，所以常常无法充分发挥出全部的智能。在这些焦虑背后，是最可怕的评论员——我们自己的压力。

焦虑的心声

在意别人对我们的看法并不是什么稀奇的事情——我们大部分的道德意识来自于社会行为的准则。然而，有时过于在意他人的想法会使我们的日常生活受到限制。比如，在会议桌上我们闭嘴不发表意见，因为担心自己的观点会遭到嘲讽。

客观看待事物

就某个情况的事实，将自己与别人的观点分开对待，从客观的角度来看待——或许对于你自己来说也更为公正。设想一下某件让你感到自豪的事和未能达到预期目标的情况。然后回答以下问题：

- 你是如何知道你会成功或者失败的？
- 在这些情境中你分别有怎样的感觉？
- 你身边的人对于你做的事情有怎样的反应？
- 以上3个因素中哪个对于你的成功或失败有着最重要的影响？

思考中受教？

学校、大学和工作场所传授了我们一些关键的品质，比如自我约束力与恒心。然而，这些品质也很容易令我们的自信心受创并使我们的天资受到压制。如果你遭遇过这样的经历，千万别让它束缚了你的生活。以下是一些可能发生的问题以及克服它们的方法。

* * * * *

盲从 绝对正确或绝对错误的思考方式会导致你无法摆脱传统思维模式，这样一来，你总是专注于遵循规矩而无法看到太远的未来。请见50页帮助你看到宏观画面。

展望僵化 狭义学术技能的注重是以放弃其他资质为代价的，比如EQ（情商）。97-100页的内容能帮你了解融汇了推理技巧、情感和直观的独特智能。

成功的压力 过于强调应试教育会造成焦虑和思维退化，而好奇心则能拓展自我。33-35页展示了如何进入“心流”状态，在克服焦虑的同时更热爱工作，达到精神最佳状态。

人以群分 成绩会将人们以“成功”或“失败”来区分；当意识到自己失败时会抑制才能的充分发挥。41-44页的内容能帮你辨别并克服负面的自我评价。请参阅第四章的途径建立自己的知识体系，从而增强自信心。

逻辑推理

逻辑——系统性的推理使人们建立起有力的论据，这是经典教育中的一个正式研究课题。它是IQ的一个重要组成部分，同时也是根据事实得出准确结论的关键能力。

推理形式

我们通常所理解的逻辑推理是一个根据准确前提（初步观察）展开的思路，通过合理的推论（通过观察得出的意见）而得到的真实结论。主要分为两种形式：演绎法和归纳法。

在演绎推理中，结论不可避免地由前提假设得出。如果前提是真实的，那么结论也一定是真实的。有一个著名的例子是："所有人都是凡人；苏格拉底是人；因此苏格拉底是凡人。"然而，我们也完全有可能从一个错误的前提中得出一个有效的结论，比如："所有人都是变形虫；苏格拉底是人；因此苏格拉底是变形虫。"

在归纳推理中，如果前提假设是真实的，那么结论极有可能是真实的。比如说："从46亿年前太阳每天都会升起，因此明天太阳同样会升起。"

错误的产生

我们往往将自己视为理性生物，因此很容易便会对观察产生错误理解，或从事实中做出错误推论。组织心理学家克里斯·阿吉里斯创造了"阶梯式推论"来诠释一个通过不稳的假设事实产生既定事实的步骤（见下页图）。我们往往在一瞬间就会无意识地爬到梯子顶端。

阶梯式推论

从既定或可观察到的事实（最底层），我们通常会选择在某一个细节上附加主观意识或推论。这就形成了一个假设，即凝聚在一个坚定的信念上，以此为基础推进加深信念或行动。例如：

结论： 地球在宇宙中心。

假设： 太阳围绕地球转。

推论： 太阳在移动。

选择细节： 太阳看起来在移动。

观察事实： 太阳从东方升起，至西方落下。

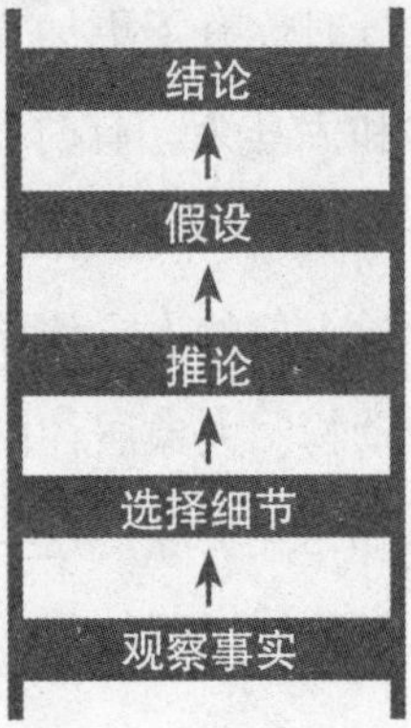

掌握推理的原则将帮助你区分好的论据与差的论据。在67–68页上的练习题能够帮助你识别错误的思维。第69页上的推理链则能帮助你检测推理过程的每个阶段。

宏观画面

智能的一个重要体现就是对错综复杂的事物和变化的环境做出反应的能力：超越当前顾虑观望大局，并联系到你曾经遇到的情况或者已经学过的事物。“大局观”思想能够延伸你的思维。

识别模式和主题

想象一下，你站在一个巨大的物体边上去辨认它，而物体隐藏在一张蒙布下。蒙布被移走后，你能够看到的是一大片灰色的皮革。蒙布再次盖上，你移动到物体的另外一处，蒙布再次被揭开，你发现了一个坚韧弯曲的物体。你仍然无法了解它是什么。蒙布再次盖上，这次你后退了几步。在蒙布揭开时你有了更加完整的画面，你可以看到神秘物体有着长鼻子、象牙和大耳朵。有时我们太过在意细节而“因小失大”。斤斤计较细枝末节也许会导致我们忽视或误读某些重要信息。想象一下对一个从未见过大象的人，你该如何形容它？庞大的体积？长鼻子？大耳朵？群居动物？大象居住的地方？所有这些组成部分在构建完整的大象画面时都相互关联。这类思维方式被称为系统思维或整体思维，能够帮助你扩张知识网络。

企业的福音

商业人士对于宏观画面有着极大的依赖。这对于掌握情报和智慧决策都至关重要。对于这种能力，他们已经开发出了各种不同的名称，如跳出框架，蓝天式思考，直升机视野。这些表达方式或许略显俗套，但它们都强调这种能力的精髓，那就是打破传统思维模式，眺望已知范围外的事物。

摆脱框架

在应对具体的挑战或行动过程中，运用整体思维，拓宽你的观点：应当如何将问题放在你生活中进行思考，以及如何创建一个成功的环境。

- 将问题纳入到日常活动。例如，如果你正在学习意大利语，用该语言书写购物清单。
- 想象从跟你完全不同的旁人角度看待你的问题：比如一个六岁小孩或一个秘鲁的农民。他们的观点是否能启发你？
- 尝试将你想做的事以图画形式表现出来，或作为字谜游戏演示出来。

开阔视野

将智能运用在瞬息万变的世界中的前提是，你必须有远见：有预见结果的能力，能够适应变化以及拟定未来计划。就如同在四维空间中玩一场国际象棋——其中的一项便是时间。

长远眼光

大多对于智能的定义都包括未雨绸缪和预见结果的能力，或尽可能扭转结果的能力。这不仅适用于现实生活，也适用于抽象的脑活动，如在国际象棋中计划下一步的行动。举例来说，远景规划是一个公司的首席执行官所需要的素质之一。CEO 的一个决策需在数月甚至数年中发挥作用，并能够预测某些决定对公司可能产生的影响。

推广视野

在智能方面，远期规划的能力与从过去的经验中学习的能力是紧密相连的。我们很自然地将生活看成一条简单、笔直的路，当我们面向未来时，背对着的是过去。然而，不论是过去所学到的还是未来所计划的都同现在有着千丝万缕的联系。准确地说，你可以将你的人生路想象成一把打开的扇子，你目前的状况就是扇子的铰链点，而过去和未来是两条相互联系、相互依存的扇骨。

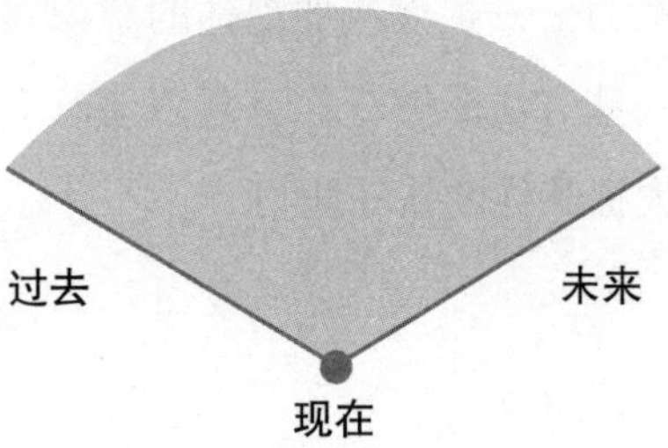

也可以用另一种方式设想一下，你在直升机上俯视，下方展现的是你的生活平铺图。直升机视野能以不同观点来看待事情，令你体会到过去和现在是如何嵌入到未来的大局观中的。

放眼未来之路

虽然我们无法掌控未来那些不可预见的情况，但我们仍然可以训练头脑以便更清晰地看到前方的道路，这涉及到了：

- 开发编组信息的能力，区分重要的与不重要的。
- 保持脑中的大局观（见47页），不要忽略有意义的细节。
- 认识到已知的并将其运用在新状况和新问题上。
- 当逻辑演绎起到指明道路的作用时，要尊重自己的直觉（见82页，六顶思考帽）。
- 视觉化不同结果可能导致的连锁反应。

事实上，你能够运用IQ测试中所需要的技巧测试这其中一些能力。

集中注意力

集中注意力的能力——扩大或加深你的意识，使你能够顺利执行各类心理任务。有一些方法能够令你有意识地改变注意力，经常使用这些方法，可以大大提高你的认知能力。

锻炼脑力

大脑针对不同种类的任务会产生不同程度的脑电活动；脑电

（EGG）等级的读数可以通过脑电图仪显示成为四种不同形式的曲线图：

β 波　与集中力和逻辑思维相关。

α 波　表示放松的警觉性和整体思维。

θ 波　与静坐、冥想以及创造性有关。

δ 波　主要与深度睡眠关联。

有一项称为神经反馈的技术，教导人们如何通过有意识的思考影响脑电图的读数（这需要改变自身的脑波）。然而，也有更古老的方法能够有意识地改变你的大脑功能。

在正念那一刻，你悄悄地将注意力由思想中转移开，并扩大至周遭的一切，相比之下，冥想则需要“单一”的注意力，将思想定格在一个特定的词（口头禅）或图像上。

此刻我就在这

正念或“此时此刻”的概念，来自于佛教，却能够被任何人利用。经常实践便能够提高清醒的头脑意识并过滤掉杂波，从而提高思维能力。

尝试以下简单联系：

- 静坐，在一分钟内用全部注意力去感受你的呼吸。一旦有想法或感觉浮现，简单地接受它，随后释放它，让它在思想中划过。
- 如果在会议中你的大脑一片空白，先梳理你的思绪，然后试着关注周遭正在流动的讨论。注意因别人的想法刺激你所产生的积极或消极反应，随后再释放这些感觉。专注于目标，而不是过程。

音乐与注意力

或许音乐是能够改变你注意力程度最快也是最容易的途径。几千年来，我们已经确认大脑的活动受到节奏声音的影响，如击鼓和诵经。一些科学家认为，当你专注于一首曲子的节奏时，你的大脑活动会增加或减慢与之匹配。

选择你最喜欢的曲子从而进入不同的意识状态。

- 选择兴奋欢快的音乐能令你干劲十足。
- 安静却复杂的音乐（特别是巴赫的音乐）促使你精神放松并专注。
- 舒缓、“冷静”的音乐能够令你敞开心扉，接受整体性、创造性思维。

插曲

天才的种子

智能存在于多种形式，我们对它的认知却不是静态的——首先创造了摩擦生火的天才或许无法在现代智商测试中取得高分。

我们是否越来越聪明?

作为一个天才，或许不难发现一屋子的天才与一屋子与基本算数作斗争的人比起来要有着更强大的 IQ 力量。然而如果这两个虚拟人群同时进行 IQ 测试结果平均下来，两组人的大多数得分都将是 100，唯一不同的是天才房间内的 100 分的价值要比另一个马马虎虎房间内的 100 分价值高出许多。

这也正是 IQ 测试实际反映的情况。他们是特定时期内特定人群的平均水平。人们普遍认为，在 IQ 被正式评估和统计数据期间，每一代人的智商都有着将近 10 点的涨幅。造成这种现象的因素有许多，如儿童营养的改善，在测试中固有文化差异的消除，以及我们学习方法本质上的不断变化。（拿 30 年前和现在孩子的测试进行比较，数字或口头表达能力差别不大，但视觉和空间能力有着显著的提高，这可能与电脑游戏技能的训练有关。）

有时，国与国之间的比较也是不可避免的。从数据来看，日本在国际 IQ 联盟中出类拔萃，然而这也不是绝对的参考数据。例如，吉尔吉斯斯坦的 IQ 没有数据，所以他们的 IQ 是参考了土耳其和伊拉克的平均分。

天才的本质

超高的 IQ 成绩是否就意味着你是一个天才呢？当然，这的确是有帮助的，然而天才并不只是简单的非常聪明或者非常有本事。它涉及了超越学习的罕见能力，跨越领域——跨越式的远见使爱因斯坦发现了时间和空间定律，使牛顿想到了重力。

虽然我们都受益于新发明创造，然而天才的概念也有着负面的含义，一些精英的优势往往被一些巨大的情感或社会的缺陷抵消了。天才通常有强迫倾向，抑郁和孤立造就了他们清晰的洞察力。本质上，天才特立独行，他们甚少被誉为人类的救星或社会辉煌的铸就者。他们常被视为行径疯狂古怪或具有神经质的外来者——像是文森特·梵高或阿兰·图灵。精神刺激甚至能够成为天才的催化剂。更不用说像是《疯狂教授》或是《邪恶天才》这类著名小说，从科学怪人博士到 007 和超人的死对头等中也可以发现。

我们需要天才，然而每代人中只有寥寥几人算得上是天才，甚至很多都是在死后很久才被公认成为天才。那么现在哪些人会是我们中的天才呢?

当前天才库的秘密

加拿大心理学家兼思想家艾略特·贾克斯将智能视为影响我们周围世界的能力，并描述了跨越了上千年的影响模式。天才是那些有能力影响人类文明推进方向的特殊人群。这里我将推举我认为会被后世视为天才的候选人。

石黑浩是人形机器人的世界级专家。他以独特的眼光创造了人性化的机器使我们更接近理解人类。他的思想涟漪有可能演变成各个领域中一系列的技术，比如医学界中，由机器人进行最复杂的外科手术。

兰德尔·米尔斯博士是一位在哈佛受训过的卫生员，其氢化物理论和“黑光灯功率”可以推进能源革命。米尔斯理论是有争议的，但是，如果他是正确的，他可以解放世界对化石燃料和核能的依赖，这将是对地球上生命质量做出的最伟大贡献。

詹姆斯·拉夫洛克的名字将永远与“盖亚”假说挂钩：将地球视为一个独立的有机体，生物圈中的一切都会互相依存，即便是最细微的变化也可能对其他一切造成巨大影响。他的遗志将有可能唤起我们对于周围世界的个人责任意识。

蒂姆·伯纳斯李或许是过去50年中最杰出的思想家，他的“孩子”，互联网现已经遍布全世界。这种全新的沟通方式已然超越了原有的文化和政治障碍以及原本军事上的应用。它提供了一个世界性的知识库，更是加快未来技术突破的工具。

这些人的启发是我们所有人的典范，在我们各自不同的领域，我们都可以将想象力化为窗口和工具，从不同的角度看待事物，找到创新的解决方案。

4 运用脑力

IQ POWER-UP

我们在智商测试中使用的技能也适用于现实生活中：清晰的思维在职场或家中能够帮助你完成一天的谈判工作，无论是涉及到解决问题的能力的活动，还是长远规划，抑或是创意思考和领悟复杂难题的含义。

这里可以运用多种不同的方法来增强逻辑推理以及行使重要工作记忆的能力。一旦认识到自身的智能潜力，便会对知识产生渴望，这一章将对于如何建立信息资源以扩展学习能力给予建议。

知识储备

需要的时候，只需计算机鼠标轻轻点击几下便可获知无限量的信息，如此一来我们还有必要储备知识在大脑里么？我们是否还应该将时间和精力投注在学习事实和数据上呢？

知识的价值

知识不代表聪明才智，开发一个内容丰富的信息库，在提高整体思维能力方面，能够赋予我们不同的优势：

更快的思维速度

你的头脑的检索速度远远快于任何一台计算机。拥有大量的知识库的话，瞬间可以从中借鉴信息，并提高思维和反应速度。

更深入的了解

广泛的知识，可以强化你理解复杂问题的能力和决策能力，也可增强你对明显无关话题之间关联的洞悉能力，从而提高你的创造性思维。

更效率的记忆

一个大型的现有知识网络能够使你更容易学习和记住新的信息，后面会详细说明。

利用大脑的存储系统

大脑有一个奇妙且高效的存储系统，通过各种各样的标签，触发相关信息检索。我们可以通过文字窥见这个运作过程：想象鸟、黄色，随后金丝雀便出现在你脑海中。我们所有的感官和情感参与这个标记的过程：一个朋友的声音令你想起了他的面容；一阵清新的空气勾起了你在海边度假的童年回忆。我们看到第 24–25 页说到，信息的提取和关联途径是根据重复和习惯加深的，并采用了不止一种感官。

多重刺激下的联想不仅能在记忆中检索物质，更给予了我们吸收新信息的巨大潜力。当我们收到数据时，我们的大脑便会根据我们已处理过的知识来建立"文档"，形成相关集群。因此，那些涉及我们已知事物的新信息，会变得更容易保留。就如同在玩纵横字谜一样——每次填入的线索都能够为找到正确答案提供进一步的帮助。学校功课的结构（至少理论上是这样）就是以这种方式帮助孩子们学习的。当我们成年后，也会使用相同的方法，不论是适应一份新工作还是学习开车。用"钩子"猎获的一串串丰富的新信息，不仅提高了我们的学习能力，同时也是智能的构建基础。

"知识是思想的生命。"

艾卜·伯克尔（公元 573–634 年）

知识树

知识树是个人知识库内主要知识领域和专业主题形象化的表达方式。画一棵树，能够看到你对于一个已知主题的了解程度。你也用它作为一个框架，扩展和丰富你的信息储备。

知识树结构

像真正的树一样，知识树也由三个主要部分构成：树干、树枝和树根。

树干 这个中心部分代表了你掌握某主题的整体知识。它在不同主题与知识领域之间起着协调连接作用。

树枝 代表你知识基础的主要方面。每个分枝都是划分更为详细的特定区域。

树根 吸收了来自外界的信息用于滋养大树。这些信息可能来自于其他人、组织或地方，如图书馆；也可能来自你的个人的经历；还可能来自媒体，如书籍、报纸、电视、广播和互联网。

知识树所显示的

知识树能够帮助你整理对于一个主题的认识。树枝结构显示了子课题是如何相互关联的，同时也鼓励你区分哪些问题是基于主题的，哪些是枝节问题。另外知识树也显示了一些“关键点”：数个分枝在交界处形成了和其他领域知识的重要关联点。

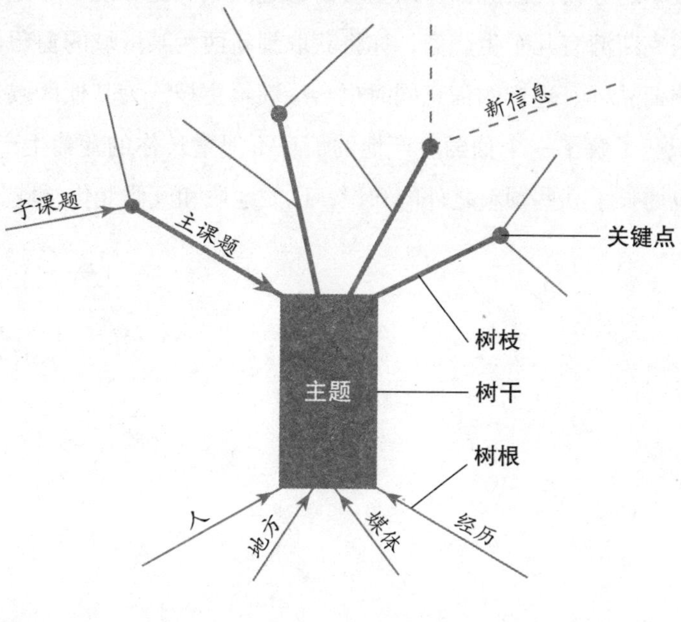

你也可以将知识树视为一个参考模板，用来建立专业化的知识储备。如我们在 58–59 页看到的，如果我们将它添加到现有类目中或将它和其他事实做出关联时，会发现这样一来我们更容易吸收新的信息。树将帮助你更好地利用那些涉及到已知事物的新信息，令你的大脑能以较少的努力，却更轻而易举地记住并保留它，定期巩固你的知识树，及时更新、修改信息并添加分枝。枝繁叶茂的大树代表了你对相应课题越来越详细和精准的掌握。

累积知识

在知识树上增加分枝不仅代表着巩固已有知识，也代表涉足新领域。以下例子将展示树的构建和使用。

首先选择你希望建立的知识领域，沿着这个主题开始画分枝，下面的例子展示了酒和其他分枝是如何从食物主题衍生出来的，它的主题也可能是最喜爱的国家或品酒课程。

最小的分枝代表着你可以主攻的特定区域。比方说届时，当你得知在霍克斯湾有几个生产商，你将获取到新西兰某区域的葡萄种植信息和葡萄品种。这样的信息同时也会反馈给主枝，为其他区域分枝提供知识。了解了一个葡萄生产地的信息不但增长你的葡萄生产知识，同时也增长了某些预料之外的知识，比如地质和气候变化领域。

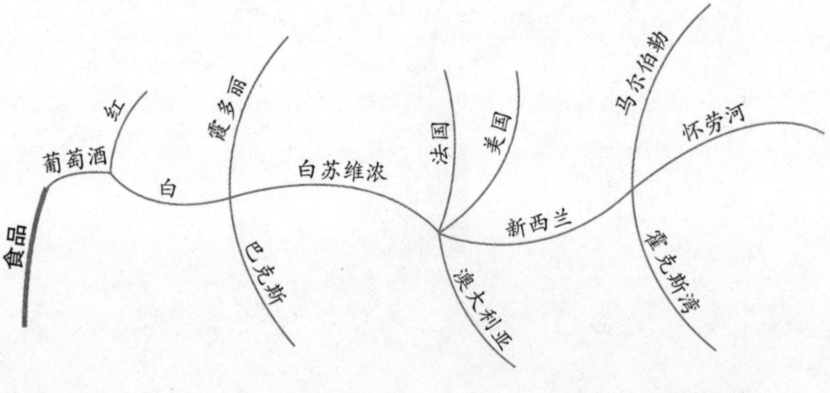

有效运用知识

如59页示意图所示，一个分支的所有知识都依赖于知识的“关键点”。它们吸收的正确信息或分析出的实际数据，令你的知识得到全面妥善的运用。

假设，你是一位医生，你的知识树可能包含如何了解病人的病史，如何诊断病情并安排治疗，这里的关键点能够对患者进行评估，安排相应的检查，从而提取到准确诊断和正确治疗所所需要的相关信息。建立一个关键点后，从这里扩展出的所有分支都能够从中受益。医生能够通过一种新形式的扫描测试，对更广范围的疾病做出更准确的诊断。同样的，确定自己的关键点，不仅能够提高自己工作效率，也能在学习或课题研究中取得更多收获。而判断关键点的位置，则能够帮助你排除差异，将精力和资源更集中利用。

关键点是一扇双向门。它是通往知识和进步的新航线，也是将新知识反馈到知识树其他领域的通道。例如，可能在葡萄酒领域，你将新西兰地质学确定为一个关键点：它帮助你了解生长在霍克斯湾的多种葡萄树，但可能这也让你看到了其他国家在类似地理条件下的葡萄酒发展进程。

关联记忆

建立强大的关联记忆能够促使你的大脑建立起强大的神经通道，它会一点一滴融进你的整体智能发展中。

难忘的技巧

能够帮助我们加深记忆或回忆的技巧有很多，所有这些方法的共同点就是巩固感观或情感“标签”，如我们在 58–59 页看到的一样，提高我们从大脑所储信息中检索的能力。尝试一些不同的技巧，使用押韵、视觉图像或关联词汇等，找出最适合你的技巧，下面是一些可以尝试的建议。

1 是包子，2 是鞋子

押韵是能够加深记忆的一种传统方法。记住一些和数字相关的数据，并由 1 至 10 建立起一个押韵表。你的表格可能是这样的：（原版是以英文押韵为准）

包子 =1，鞋子 =2，树 =3，野猪 =4，潜水 =5。以此类推……

找出一个对你来说既简单又有深刻印象特别图案，反复练习直到两者产生自然而然的联系为止，比如 6 是一把尺子或 8 是姐姐凯特。这些图片能够加深你对一连串数字的印象，比如电话号码或者门牌号码。你也可以以此类推运用在系列或有序事物上。例如，按顺序为元素周期表建立能够加深印象的关联图片：

1（包子）= 氢 = 氢弹就像一个爆炸奶黄包

2（鞋子）= 氦 = 穿着一双轻巧的鞋就像踩在氦气球上一样

3（树）= 锂 = 一颗结出了锂电池果子的果树

将每一条信息都与视觉标签（图片）和听觉标签（押韵）进行关联，以此来增强你的记忆力并在需要的时候提取。

行星的故事

以故事的形式是为序列冠上“标签”的一个不错的方法。举例来说，这里有一个帮助你为太阳系行星顺序和体积创建难忘视觉序列的方法，由太阳开始向外延伸。

- 一个炎热的太阳将一个温度计烤炸了，无数细小碎珠一样的水银（和水星同音）洒在了爱神维纳斯（和金星同音）身上。
- 她和战神马尔斯（和火星同音）在争夺着地球。（你大概听说过关于男人来自火星和女人来自金星的说法吧！）
- 巨大的主神朱庇特（与木星同音）心怀不满地看着他们之间的纷争。他挥舞着由一根棍子接着三个铁球组成的链子警告太阳：三个铁球上的字母分别是S（土星首写字母）、U（天王星首写字母）、N（海王星首写字母）。
- 如果你想加上一个不起眼的小星球，可以加入动画片闪电狗布鲁托（冥王星同音）追逐在海王星的铁球的后面。

扩展工作记忆

如我们在第二章所掌握的那样，工作记忆是思维处理中不可分割的部分，经常锻炼工作记忆能够帮助你提高实际IQ。

重审数字跨度

还记得29页的测试吗？你是以怎样的方式记住一串数字的呢？数字跨度的联系纵然并不十分有趣，却是衡量你记忆能力的基准。多尝试几次，再看看数字长度是否能提升。当你能够将一定长度的数字成功重复三遍后，试着在后面增加一个数字。通过这样的练习，你将能够记住正数15位数字，或更难点，记住倒数12或13位数字。

扩展练习

心算 在通过收银台时，将所购商品的价格一个个相加。

电话号码 比起立刻抄写或储存进手机，尝试反复默读直到把它们储存进你的长期记忆。

填字游戏 在脑中做字谜，填写空格前先在脑中将整个字谜过一遍。

记忆地图 想象出你家的详细布局；做二维或者三维拼图。这些都是能够调用你工作记忆中“空间画板”的活动（见29页）。

记忆游戏

经常利用记忆游戏来增加工作记忆的“储备”，不仅能够增添趣味，还是很好的健脑活动。以下是一些建议：

* * * * *

Kim的游戏 这个游戏来自于拉迪亚德·吉卜林的《Kim》一书。请一个人将15样日常生活用品摆放在一个托盘上并盖上蒙布。掀开蒙布，在30秒内扫视一遍托盘上的物品并尽可能记住它们。将蒙布盖上后复述出托盘上的物品。当你能够完全正确地记住托盘上全部15样物品后，将目标提高至15秒内20样物品。

* * *

记忆翻牌游戏 这个游戏可以同时由多个人参与。将一叠纸牌分别面朝下摆放在桌上，不要重叠摆放。每个玩家选择两张纸牌并且翻开。如果两张纸牌是一对的话，这一对牌就归该玩家所有，如果不是，那么将纸牌翻回去。由下一个玩家接着进行，以收集最多对子的玩家胜出。开始几次的翻牌是纯粹的猜测，但同时也将这些纸牌的位置展示了出来，当游戏继续进行，能够记住越多纸牌位置的玩家收集到对子的可能性越高。

* * *

观察 在我们的日常生活中也能够锻炼增强工作记忆。比如旅行时，在一个商店里或逛街时，停住脚步，捕捉几个看到的画面存在大脑里，几分钟后再回忆一下。你可以将注意力放在一些特定的物品上，如人们的穿着打扮、他们坐过的地方或是东西摆放过的位置。

构思意见

运用批判性分析并不代表在自己或他人的言行中找漏洞，而是以清晰的思路对它们进行理性评估，这种审视问题的方式能够为生活的各个方面添砖加瓦。

批判性思维的组成因素

有三个主要因素能保持你的思维在正轨上运转。

精密性 意见必须基于精确的信息，尽量严丝合缝——无知不是福！试问一下：

- 有没有能够支撑我观点的信息？
- 有没有能够证明我观点错误的信息？
- 还有没有能够完善我观点的细节？

逻辑性 思维的进展，互相之间的联系，能够具有说服力。试问一下：

- 我的结论是否能够遁寻回我最初的观点？
- 我的结论是从事实还是假设推断而来？（见46页，阶梯式推论）

相关性　批判性思维和理性辩论很轻易便会被无关信息误导。试问一下：

- 我的观点和我所考虑的问题有何联系？
- 如果我忽略这点，是否会影响到结果？

锻炼批判能力

将下列问题实践运用在各类情况中，不论是验证新闻的真实性还是针对一本书或一部电影发表理性的见解。

回应一则新闻报道：

- 我对所报道的故事是否有着潜在的偏见？
- 我对于报道阐述的观点是持赞同还是反对的态度？
- 我是否有足够信息作出评判？

在大多数情况下，我们的背景、学历和经验会令我们做出一些习惯性思考和假设，偶尔也会因此产生偏见。见42–44页关于这种偏见的产生以及如何防范。

参与读书讨论组：

- 我对这本书感兴趣（喜欢）的具体原因是什么？

- 这本书对我的文学价值是否受到了我对于主题或作者的倾向的影响。
- 我有没有倾听采纳他人对于这本书的观点？

自我中心化会令我们认定自己的观点最重要，从而对他人观点持苛刻的态度。换位思考（见 99 页）和仔细聆听（见 106 页）能够令你学会赏识他人的观点，即便你并不认可他们。

增强逻辑能力

逻辑，循序渐进的推理过程是我们日常生活中会普遍运用到的重要能力。如下面所看到的一些模拟逻辑思维锻炼，能够提升你的推理能力，并令你能够准确地评估事实和及时纠正谬误，这些练习的答案在 111–112 页。

三段论

三段论推理是在某前提下可以推断出一个特定的结论。正如我们在第 46 页中所看到的关于苏格拉底的例子，并不是所有三段论都是准确无误的。

思考以下的三段论，看看你是否能推断出它们的真假。

1. 所有社会主义者都拥护高赋税。
   所有老年人都拥护高赋税。
   因此，所有老年人都是社会主义者。

2. 所有哺乳动物都是温血动物。

所有鲸类都是哺乳动物。

因此，所有鲸类都是温血动物。

3. 所有天鹅都是白色的。

这只鸟是黑色的。

因此，这只鸟不是天鹅。

谬误

所谓谬误是一系列乍一看似乎是正确的推理，而实际上含带一些难以察觉的错误。你能鉴定以下例中存在着哪些错误吗？当你看到正确答案后，思考一下还有哪些例子属于谬误？

4. 乔汉堡店在2005年开业。街坊邻里家的老鼠自2005年开始减少。我怀疑乔汉堡店是大量老鼠死亡的始作俑者。

5. 为何女人都是购物狂？

6. 由于我们到现在都没有办法证明宇宙中其他星球没有生命迹象，我们可以放心地假设外星人的存在。

7. 爱因斯坦说过，我们相互之间应该友善，而他是世上最有智慧的人之一。

8. 马克说他的队伍以4:1赢得了上次的橄榄球赛，而李却说他们是以2:1赢的，因此可以断定他们是以3:1赢的。

“在偏见的位置上坚定地安装上理智，而且对每一件事实、每一个意见都要用理智来审查。”

托马斯·杰斐逊（1743-1826）

纠正推理误区

在第三章中，我们看到潜意识信念和错误推理会造成混乱或产生错误的想法。接下来我们看到的推理链，将会帮助你辨别并排除这样的偏差。

推理链

在46页提到阶梯式推理只是观点产生过程的一部分。在给出最终结论之前，我们应该参照事实检查一下推理和结论——但一般我们不会这样做。而我们所下的一些结论，不论对错与否都会成为根深蒂固的信念。随后我们会选择性找出一些细节来支持我们的信念，同时略过观察到的实际结果，而这些细节会将我们带入更进一步的推论和假设。

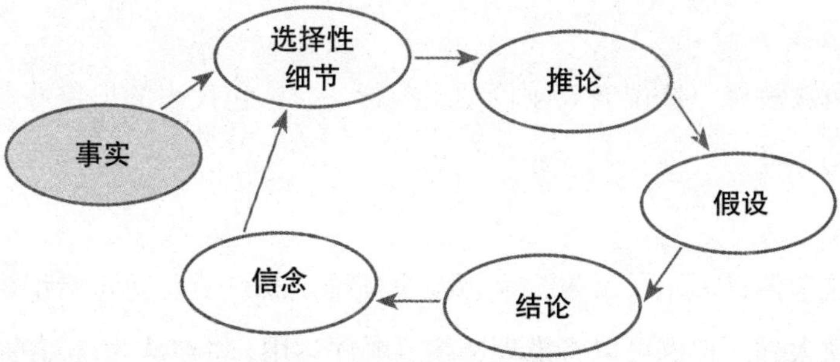

如果我们不检测推理链的每个组成部分，那么在作出判断时便会发生错误——如下面所看到的小故事一样。

运作的推理链

设想一下以下的情景：

事件 1 你看到一个有着文身的青年男子大摇大摆地走在街上，他停下了脚步盯着马路对面的一位老人。

假设 1 青年男子可能是个危险角色；文身的男人很危险。这样的想法是建立在选择性细节上——他的文身。

假设 2 老人手提着公文包，他也许是个商人。凭借着选择性细节，另一个假设便产生了。

事件 2 青年男子左右观望了一下（看似非常狡诈），随后冲向马路对面狠狠地推了商人。

解释 这个恶棍想打劫商人。

动作 / 结论 你的推理看似正确。但随后……

事件 3 一辆无人驾驶的卡车正沿着马路向后倒退。这个“恶棍”推了老人一把使他躲过了危险。

重新解释 青年男子挽救了老人的生命——他不是“恶棍”，而是英雄。

事件 4 从公文包中掉出了昂贵珠宝，散落一地，接着，警察来到了现场。

再次解释 这位老人刚抢劫了银行，公文包代表的形象并非你所想象的那样。

这个情景展示了反复提问以及重新确定观点能够防止错误推论偏离正轨太远。你也可以将推理链按反顺序运用，将你认为是对的事物，追溯回源头，检验每一步的合理性。

聪明地解决问题

克服难题的能力建立在两个因素上：对问题的准确感知能力以及有计划的行动步骤。

多层次策略

面对问题无所适从时，可以尝试先将问题分解，然后逻辑性地逐步完成每个阶段。

第一层：定义问题 确切的问题是什么？为什么它是个问题？

第二层：确定问题的程度 见下页。

第三层：明确目标 完整解答需要完成哪些步骤？

第四层：生成方案 我有哪些选择？每种选择可能导致的后果是什么？

第五层：收集反馈 如何以最快最简单的方式检测我选择的方案？我能够向什么人寻求更多信息和辅导？

第六层：行动！

捕鱼成因

下面的“鱼骨”图解对于找出问题的成因很有帮助。你的问题从鱼头开始，画一条水平线，“鱼骨”状对角线的分支代表了问题的主要方面。标注每一条线。考虑一下每一个方面可能的成因，以细小的“鱼刺”列出。

一条问题鱼

只有在很少的情况下，问题会主动从虚无中被触发——通常是由综合事件或各方面的多重原因产生，正是这些原因，铸成了整件事的情况。

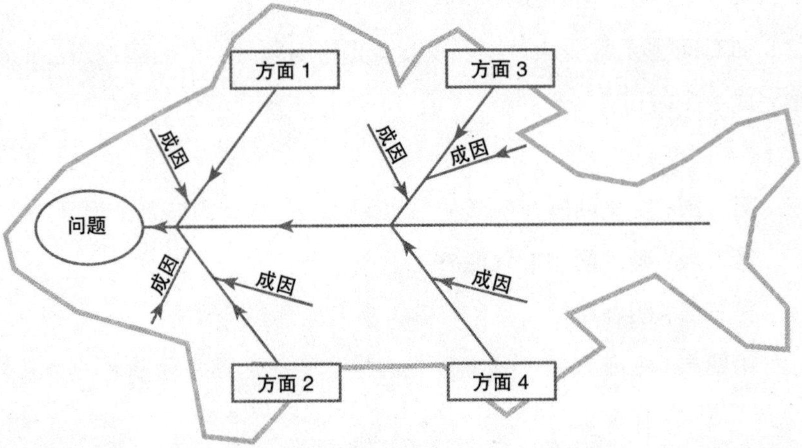

当你为一个问题定义时，先确定主要的组成方面（人、资源、事件等）。尽可能为每个方面多找一些铸成因素（不管多么渺小）。进行以下这些提问会有帮助：

- 这个问题的影响面有哪些？
- 它何时会被触发——由始至终或是特定的时间段？
- 为何这个因素是成因之一？

答案可能会与一个关键点相呼应（见61页），当这些问题解决后，便能看到解决最初那个问题的完整步骤。

战略性思考

策略是实现长远目标的规划和远见。它能够帮助你将自身的聪明才智以更加积极主动的方式发挥出来。

孙子兵法

公元前6世纪，中国将领孙子写过一部关于军事战略的经典著作《孙子兵法》。他描述了以避免战斗来达到目标的一系列策略。他的这本书里涵盖的内容便是智能运用的经典案例，包括运筹帷幄、灵活思维以及对于他人的分析。下面是一些直接引用的句子，接着是一些可以运用于实际生活的建议。

五原色（蓝色、黄色、红色、白色和黑色），混合在一起便可以产生比以往都鲜艳的色彩。

你的思维创新能力是没有限制的，你的创意可以开启的资源也是无穷无尽的。

管制大队人马的原则同管制几个人的原则是一样的：它仅仅是一个划分人数的问题。

在全面掌握一个大问题之前，先要将问题分解。复杂的问题往往可以被缩减成几个关键的问题，而任务则能够被划分成小并易于管理的单位。

孙子兵法教导我们，胜利依靠的不是敌人可能不会来的侥幸，而是自身的迎战的准备；成功不是敌人不发动攻击的机会，而是自身无懈可击的防御。

明智的决策是不可替换的。对实际情况越清晰、准确地评价，规划得越仔细，就越有可能获得成功。

军事战术如流水一般，在自然进程中由高处流往低处。

该论点强调一个良好的理念，那就是采用一条阻力最小的路径。它令你在工作中发挥自身的长处，并避免困难或者事倍功半的情况。

流水没有固定的形状，在战争中也没有一成不变的局势。

你需要接受生活带来的一些不可避免的改变。保持领先地位的前提是需要懂得灵活，根据局势随机应变。

一位无法控制愤怒情绪的将军，号令他的军队发动一窝蜂般的正面进攻，结果造成三分之一的士兵死亡，以及仍然无法拿下城池的局面。

正确地理解自己的情绪能够有效地帮助你做出客观选择，同时避免了得失心驱使下的不理智的判断。

5 小聪明

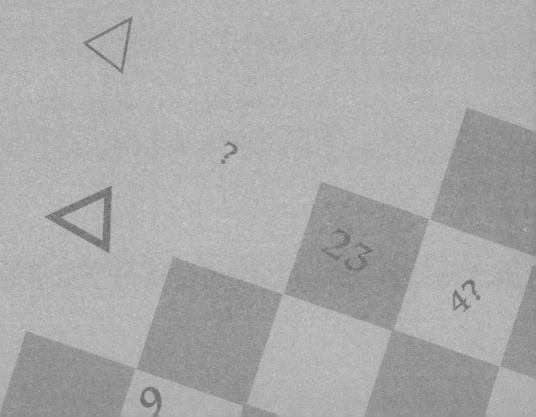

IQ POWER-UP

有一句人们常说的老话："不是你有多少资源，而是你如何利用这些资源。"有很多高智商的人并不十分聪明——虽然他们有足够的理解能力或动手能力，但他们也许看不到其潜在的应用方法，或没有巧妙简便的方法解决复杂的问题。真正的智能包含了巧妙的思考，这不仅要更努力，同时也要认识到所学过某一领域的知识运用到其他领域的宝贵价值。

更用功还是更聪明？

一直以来，努力工作被视为是一种积极的美德，但它也存在着负面影响。而寻求更效率的手段和解答问题的方法是充分发挥智能的体现。

努力工作的美德？

努力工作通常能够为人们带来赞美，而不经过刻苦艰辛得到的同样良好的结果却往往得不到同等重视。但这是否总是有意义的呢？大概没有人会认为从 A 到 B 需要经过 C、D 和 E 吧，或者当你有洗衣机时还坚持要在河边用搓板洗衣服。然而对思维而言，我们却习惯按照常规思维，而忽视了一些以更少付出便能够带来更大回报的选择。

过于努力的工作会令大脑疲倦并减弱我们的思考能力。用功，更用功，往往造成的结果是因为压力过大而忧郁、焦虑以及恐慌。

工作过度的危险性

在许多文学作品和民间故事中，努力带来硕果往往是衡量道德的标准。然而乔治·奥威尔的经典嘲讽小说《动物农场》为过度劳累拉响了警钟。拉货车的马鲍克斯尔比其他动物的工作量都要大，他的格言是“我要更努力工作”。最后他终于累垮了，而他狠心的主人——

猪却把他卖给了屠宰场。鲍克斯尔的悲惨故事提醒我们工作不光是要更努力，还要更巧妙，你的努力也因此不会付诸东流。

一个详细计划的解决步骤适用于某些情况，如查看账户。但大脑的精髓在于它天马行空的想象力。举例来说，一位鸟类研究者不会费力地检查周围所有鸟的每一根羽毛——相反，他利用他的经验对每只鸟的身份做出立即判断，然后再检查几个突出要点。他需要像鸟儿一样快速、灵活、自由翱翔的思维。

瞬时计算

心算提供了许多能够节省计算时间精力的简便方式。这里有两个例子：

乘法 做乘法 24×8 时，先算出 25×8=200，再减去 8 得到 192，这种算法比直接计算更快速简便。

加法 将 1 加到 20，你不需要 1+2+3+4……再加到 20。因为 1+20=21，2+19=21，以此类推，那么有 10 对这样的数组，而你只需要将 21×10，得出总数便可。

略读

略读能力能够快速并简单地帮你捕捉到一篇文章中所需要的信息。由上到下扫视整页内容，而不是逐行在脑中复读每一个字。先记下一些关键词和句子，再检验是否理解了全文内容。然后再放慢速度复读一遍，看看文章的中心内容是否跟你所记下的内容相符。经过一段时间的练习，每次你获得的信息量都会有所增长。

你的工作模式？

你对于灵活思考的渴望，能够看出你对工作的态度。你会勇敢面对挑战还是会胆怯退缩？你会超出常规地努力工作还是表现平平？对挑战和努力的态度为你的工作模式提供了推动力。

挑战

对于挑战本能的反应，不论是生理上（愤怒的公牛）或心理上（面对一堆令人费解的资料），来自我们大脑最深处古老的生存本能（见97–98页）。这些本能能够造成以下3种反应之一：

战斗 我们以“绝不低头”的态度迎战问题。

溃逃 我们躲避问题，甚至将问题丢给别人解决。

六神无主 我们感到无法承受，溃败，并投降。

对抗挑战最直截了当的方法是令自己进入“心流”状态（见34页），也就是促进大脑发挥到最佳工作状态，但这种状态会因恐慌而减弱。

如果感到压力过大，试着活动几分钟——伸展肢体，散散步，做一些家务。这些都能够缓解导致“战斗”或“溃逃”反应的紧张能量，同时也能带你走出“六神无主”的恐慌状态。

努力

你是否每周都要加班几次，还是会找机会早退？如果有人请你做事，你是否会立即回答“好”？“新教工作伦理”或类似“努力工作是美德”的道德观，早已在一些人心中根深蒂固。相反的，不尽全力的那些人被视为破坏了自己的努力。那么，你又是如何定义你自己的工作模式呢：敬业、一般或安逸？

如果你非常敬业的话，你很有可能会超常规地工作。你有可能会忽视更简单的解决方案，因为不通过汗水获得的成就总感觉有些不对劲。如果你习惯性地只完成分内工作，或倾向于选择轻松的生活路线——你可能是一个享乐主义者，也许永远不会吃惊地发现自身蕴藏的潜力。

聪明地工作是以上三种态度的综合。对于日常生活的一些任务加以适度的努力便足够了。有时放慢脚步也是一种精神放松，或让潜意识去解决一个谜团。可偶尔你也需要令自己高度紧绷。评估一下你的生活态度，学会分辨在什么情况下需要改变态度。

> “如果我看得比别人远一些，那是因为我站在巨人的肩膀上。”
>
> 艾萨克·牛顿（1642–1727）

四股分析

无论是搞清楚政治争论中的正确立场，还是研究中国历史，掌握一个复杂的难题，通常都涉及到对众多因素的采纳。一种称为 PEST 四股的形式分析，是解开多层面问题的有效工具。

PEST 的基础

PEST 是以下词汇的缩写：

Political（政治） Economic（经济）
Sociocultural（社会文化） Technical（技术）

PEST 通常被运用于覆盖面广的问题，从环境污染到贫困和气候变化。对个人层面来说，这个系统能够帮助我们深入并多角度分析一些复杂的问题。它能让你将你所掌握的事实和观点综合分析，令你能够想明白一些常常看似矛盾的信息。这样的好处是，它帮助你理清了自己的思绪，从一个有利的角度展开辩驳。

PEST 的益处

- 解开复杂主题中的多股信息。
- 帮助你了解一个问题的深层影响。
- 帮助你把握机遇并辨清问题。
- 鼓励你思考一旦对问题持支持立场可能造成的一些后果。

PEST 的运作

以 PEST 的四个角度来考虑一个复杂的问题。这里将展现它是如何应用在分析核能问题上的。

政治因素

你或许可以这样自问：政府对于核能运用的规章条例是什么？这些条例改变过吗？和其他国家的条例是否有所不同？施压群体主要是哪些？他们立场的益处和缺陷分别是什么？

经济因素

每一种选择都包含了两项财政因素：启动资金和维护资金。你能够比较一下供应商和消费者长期和短期的燃料成本。

社会文化因素

能量生产会带来社会影响，尤其是就业和环境方面的影响。如果任何一种能量成为不可用资源可能还会造成更广泛的影响。

技术因素

将任何一种能源转换为能量都是复杂却炙手可热的研究课题。你也许需要采用多种思考手段来帮助你掌握它们。

一旦你通过四股分析来攻克一个难题，便会发现将它们凝聚成为一个整体并不是什么困难的事。

六顶思考帽

爱德华·德·波诺开发了六顶思考帽技术，帮助人们在任何问题上拓展他们的观点。德·波诺相信，如果没有这样的框架，而仅仅依赖于这些“帽子”中的一两顶的话，我们的思维将会产生巨大漏洞，而这样的漏洞可能会波及到一件事的整体。

六顶帽子

德·波诺整理出了六种关键的思维方式，并将它们比喻成六顶帽子，每一顶都与一种颜色和图像关联。六帽思考技术将“戴上思维帽”的理念进行了进一步拓展。在心理上“戴上”其中一顶有颜色的帽子，你能将问题与思考模式联系起来。该策略是为了将你逼出自己传统的思维模式而设计的。六顶帽子的性质见下表：

蓝帽（天空）	宏观图，概貌
红帽（火焰）	情绪、直觉和感觉
黄帽（太阳）	正面思维，对于事物运作的赞赏和理解
绿帽（植物）	创造性思维，正常的进程没有特别需要注意的
白帽（床单）	单纯的事实、数据和细节
黑帽（律师袍）	批评性思维、裁决以及负面——为何事物无法运作

六帽思维的益处

- 多元化思考，令你能够客观地思考
- 帮助你拓展对于问题的观点
- 做出清晰快速的决策
- 在讨论中，提供了结构，促生有趣观点，令发言者的思维摆脱束缚，同时增添自信。

运作方式

在攻克一个难题或思考问题时，将“帽子”按以下顺序戴上：

- **蓝色**　设定议程，制定出话题的范围。
- **红色**　冲刷掉情绪层面。考虑你真实的动机，不要分析后果。在一场会议中，戴上“红帽”的人往往会在交流中变得透明，表现得更诚恳；这同时也会将讨论话题由个人代入群体中。
- **黄色**　考虑某一种选择能够带来的效益和回报，或某一论据的正面效应。
- **绿色**　找出所有的选项。
- **白色和黑色**　最后将二者交替，直到调整出最合适的结论。

当你每次转换帽子时，务必要重新调整一下你的思考，以匹配当前帽子的颜色和性质。这样一来，你不会沿袭以往的习惯性思维，想法会更丰富。

波士顿矩阵

一般对于我们来说，私人生活和工作是两个独立领域，然而，通常我们在一个领域学到的知识却能够为另一领域带来益处。四方矩阵，也叫做“波士顿矩阵”是一个能够被我们运用的促进清晰逻辑性思维的商业策略工具。

四方矩阵

这个矩阵是波士顿咨询集团的智多星布鲁斯·亨德森为企业提供的一种绘制营销策略的智能工具，它将重点放在高效率地利用自身人力和物资上。以下是一个形式简单的四方矩阵。

星星 令人兴奋的全新理念：需要额外物资但会带来高回报	**问题儿童** 正在研发的理念：需要更多投入但也许能够得到高回报
赚钱工具 赖以生存的老理念：只需要一点投入但能够带来稳定的回报	**废弃物** 一些没有价值的老理念：可能需要被放弃掉

矩阵的效益

- 帮你透彻地分析不同选项所需要的成本和带来的效益。
- 鼓励你摒弃一些低效率、无盈利却有依恋的选项，帮你减少损失。
- 能够持续跟踪一段时间内的变化。

适合自己的矩阵

从四方矩阵能够判断，企业的最佳选择应该是星星提供新能量，赚钱工具保持稳定资源供应，以及问题儿童是潜在的星星这样的组合。这种思维方式也能被运用在我们的生活中：你需要规划一个矩阵，包括目标，能拓展思维的未尝试的可能性，以及作为稳固基础的舒适区域。

下面是一个能够自行尝试的矩阵。请在每个区域内留有足够的书写空间。

目标 / 方案	未知的可能性
舒适区域	死路 / 起点

你也许已经知道你的目标是什么了，却不知道该如何达到目标。在右下方的空格中，写下你的起始点，在左上空格写下你的目标。下一步，在其余两个空格内写下所有可行的方案以及能够生成的方案。例如，一个能够达到目标的荒谬想法应该归于未知的可能性，离目标 / 方案很近；一个能够让你向前迈进一小步的选项应该归在你的舒适区域内。

此外，当一些想法萦绕在脑海中，却没有一个特定的目标时，也可以利用该矩阵。像之前一样在相关的空格内写出你的这些想法，并与其他空格做出关联。你生成的这些内容也许恰恰就是一系列能够付诸行动的新鲜想法。

信息管理

大脑对于处理新信息有着惊人的潜力，却也不可避免地存在一些限制。有一个不错的方法可以用来区分你需要知道的和你需要了解的内容。

知道你需要知道的

在当今的信息高速公路时代，不分主次见什么学什么是没有意义的。掌握知识不光是把它们储存在记忆中，而是随时随地都能够及时掌握第一手资料。在法律或金融行业早就已经意识到了提高工作效率不是纯粹地拥有知识量，而是能够提出正确的问题，并知道在哪里收集相应答案的能力。

强调适当性是很重要的，因为来自外界的信息难以计数，而智能的重要功能之一便是去芜存菁。浏览网页十分钟，或翻阅报纸一个小时，总能出现许多看似有着事实依据的虚假陈述——而我们已经知道的是（见46–47页），我们很容易产生错误的判断。

寻找和评估信息来源的同时，将不可避免地吸收一些信息内容，这能够丰富你的内置数据库的知识。然而，更重要的是，你能够使用批判能力和组织能力为自己快速找到有效、可靠的信息源：这便是巧妙地运用智能。

搜寻信息

美国心理学家尤里·布朗芬布伦纳开发了一个按照个人到全球排序的个人环境系统，每一个组成元素都嵌套在下一个元素中，叠成碗装。这样的构架适用于整理一个或一组主题的信息源——像莎士比亚剧目或科技研发中的项目皆可被套用。下面是一个在你工作中可能被利用的嵌套信息源例子。

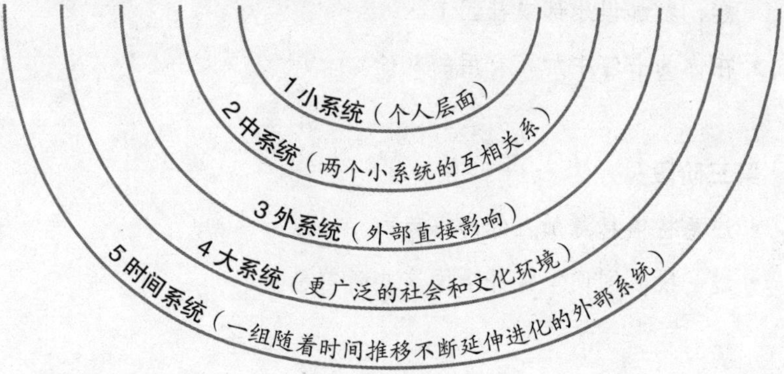

一些源的例子

1. 地方俱乐部或兴趣小组；个人经历或关系网。
2. 进一步的个人培训发展课程；地方和地区政府机构。
3. 专业的，网络日记交换。
4. 普通印刷品和传播媒体；网络百科全书。
5. 政府及世界性源，比如联合国。

开发知识根源

设立源的框架需要一定的时间和批判性思维能力，但确实能够帮助我们有效地利用时间和脑力。

第一阶段

- 评估看好的源并按类目来排序。
- 最好在从各个层面获得的源中寻求广泛种类的信息：例如，看你不经常看的报纸或收听你不经常收听的广播电台。

第二阶段

- 建立源的联系方式，定期进行自我更新（如订阅新闻资讯、杂志，参加俱乐部或社团）。

- 在你的书签中加入有用的网址。

第三阶段

- 注意将信息源加入你的框架内。
- 过一段时间便审视并巩固这些新信息。

“知识有两种，你自己知道某种知识本身，或者你知道哪里能找到这种知识。”

塞缪尔·约翰逊（1709–1784）

生活黑客

生活黑客是为生活中存在的问题找到捷径和小窍门的一门艺术。黑客这个短语最初出现在电脑技术界，随后被竞相效仿，有些网站专门分享生活黑客技术，比如快速将收件箱清零的窍门，或聪明学习的技巧，又或是应付超负荷信息量的方法。

* * * * *

找到最适合你的方式 使用适合你的记忆分析方式节约学习的时间和精力。如果你天生喜欢使用列表，那么就不要纠结于是否使用思维导图；虽然莫扎特的音乐能够鼓励人们向天才迈进，但千万别把这当成是一种责任。

* * *

不要惦记细枝末节 令人烦恼的小想法往往会左右你的注意力，令你无法专注思考、规划、学习。把发生的事情记录下来，把你的大脑从那些占据记忆的琐碎中释放出来。

*　*　*

小心选择目标　生活黑客不光记录，还会进一步寻找能将众多步骤并作一步完成的巧思妙想。你也可以将这作为你智能发展的目标。58–61 页的知识树，能帮你辨别关键点，优化学习和工作。

*　*　*

考虑两次再下手　这是传统工匠的一句经典名言，在行动之前先要制订一个明确的计划，这样一来你能够更轻松、更效率地完成工作。

适应能力

聪明的人懂得思维的灵活性是可以培育与运用的重要财富。我们需要适应快节奏的世界，应对变化——甚至将逆境扭转为难得的机遇。

变化时有发生

不论我们的思维是多么的理性、有条理，我们总要为一些可能会发生的变化做好应对。变化不光来自于外界或影响到人类的一些动作，伴随着知识与经验的增长，也可能来自于我们自身。

你可以试图忽略变化，试着用自己强大的力量降服它，也可以接受它，就像树枝随着每一缕清风来回摆荡。然而这一切只能作为短期的应对策略：它们不会帮助你从正面去响应变化，不会让你的思维得到拓展，或从中学习成长。

稳坐于鞍上

适应变化就如同骑马一般。如果你坐在上面紧闭双眼，颤颤巍巍，你很可能会跌落。如果你让马自由行动，那么你只是一个单纯的乘客，而不是骑手。如果你试图使用蛮力，最终你可能把马鞭打至死，也有可能被抛下马背。一个好骑手首先应该稳坐在鞍上控制马的速度和力量，同时也要有足够的反应能力全程保持自己与马身的平衡。同样的，你需要结合一个安全的下马姿势，并以开放的、灵活的态度面对改变。

变化的过程

处理变化，有助于了解它们是如何产生的。一部分变化过程已在科学、经济学、社会学领域中被确定，但你也可以在日常生活工作中感受到它们的存在。它们包括：

收益递减 该经济定律阐述了如果一种产品的一种投入增加，而其他投入保持不变，一段时间后产量增加的幅度会越变越小。举例来说，牧场养殖的奶牛数量增加一倍，但牧场的牛奶产量并不会自动增加一倍，过度拥挤的牧场会导致每头奶牛的产奶量减少。

反馈回路 当一个变化孕育了另一个变化，反馈的结果会加速或限制变化率。气候变化是加速的变化的一个例子。随着地球变暖，极地冰层开始融化，只有少的冰将热量从地球表面反射出去。结果是地球加速暖化。

临界点 微小而缓慢的变化在过程中的影响很小，但囤积起来却能破坏平衡，从而造成无法挽回的局面。举例来说，当游客纷纷在一个度假景点购置地产后，至某一点开始，该地的原住民开始大量迁移走，造成了该地区性质的快速变迁。如果某一物种的数量低过了一定数量，那么灭绝将是不可避免的最终结果。

网络效应 当一个想法被采纳后，传播速度会加快。比方说手机，是在电话被广泛普及、网络覆盖面积令这个想法足够吸引人后，才继而产生的。

心智灵活

我们看待变化的态度，无论是自身的还是被强加的，都取决于我们的思维敏捷度，因为变化包括吸收新的信息，拟定新的方案，以及改变以往关注的焦点和观点。因此，充分掌握这些技能将让你在工作中保持领先；随着年龄的增长，可以防止你的大脑停滞不前；当变化发生时，你会积极迎接它而不是抵制。武术的原则是，将对手的重量或力量变成自己的优势。

灵活并万无一失地迎接变化的方式之一便是随时随地为自己设定挑战目标。但这并不是最理想、最现实的途径，因为这是在做无用功。然而正如我们所了解的那样，将一个领域的已知知识运用到其他领域也是磨炼智能的良策之一。因此，要利用一些脑力锻炼来考验自身的灵活性和适应能力。以下是几种方法。

- 参加辩论小组（或和朋友组建一个）：重点是论据的质量，一个好的辩论手观点能够能站稳双方立场。
- 以另一种途径来玩填字游戏：创造自己的填字游戏，或为您的孩子设计一个魔王代码，让他们来打破。
- 为自己设定一系列轻松却不重复的任务——比如，辅导科学作业，阅读法语小说，通过这些快速的变化来锻炼自己的思维模式。
- 玩一些有机会成分的棋牌类游戏：这类游戏会强迫玩家不断研究新的策略。

聪明人会问的十个问题

在解决问题的同时，用下列部分或全部的聪明问题反复询问自己。从历史调查、科学研究，到审视自己的职业生涯等，在各情形下，寻求解答都有助于保持思维在正轨上运行。

* * * * *

- 谁在我之前走过了这条路，有没有能教给我的?
- 我从这个角度推进是否可以?
- 我的做法是不是过于繁琐?
- 我的做法是不是过于简化?
- 掌握这条信息能令我开启哪些选项?
- 掌握这条信息能为我排除哪些选项?
- 通过这点我能学到什么?
- 这是真的吗?
- 这还是真的吗?

最后，当然要问一下:

- 为什么?

"判断一个人，看他的回答不如看他所提出的问题。"

伏尔泰（1694-1778）

寻找乐趣

步入成年后的一个好处就是，若非自愿则不用系统化地学习或应付考试。这样的自由赋予了我们按照个人意愿丰富知识以及运用智能的机会——这也包括了寻找乐趣。

让思维出来玩耍

因为我们从实践和经验中学习，所以可以通过虚拟挑战的方式来排演我们的推理能力、解决问题能力、灵活性以及战略性思维能力。拼图和游戏是理想的自我挑战：它们不仅帮助大脑灵活思考——当实际生活需要时能充分应对准备，还能增添我们生活的乐趣。所以享受棋盘类游戏吧（或在线玩的各种想象力丰富的游戏），以一种潜意识心理训练的眼光来看待它们。

大脑的体操

策略类的最佳棋牌类游戏毫无疑问是象棋，它一直被视为“大脑的体操”。每一步细微的改变都会影响全盘的平衡，它强迫你反复斟酌、修改自己的计划，不断寻找最佳方案。下象棋需要各种IQ能力，从良好的工作记忆，到逻辑推理，再到能够判断对手步骤的情绪智力。

脑筋急转弯

笑话和字谜也是娱乐、健脑的游戏。它能够开启一些有趣或意外的世界观，或有时让你的推理谬误自行暴露，它们鼓励你摆脱传统思维模式。你或许会对以下例子感兴趣，答案就在后面。

1. 一个女人走进了一家DIY（自己动手）商店。她找到了需要的东西，但是却不知道价格。她问店员：“一个要多少钱？”

“两美元。”店员回答。

“14要多少钱呢？”客人又继续问道。

“4美元。”店员回答。

“那么144呢？”客人想知道。

“六美元。”客人被告知。

这个女人究竟想买什么呢？

2. 假设你有一个圆形水果奶油蛋糕——怎样能够用3刀把它分成8块同样大小的小蛋糕呢?

3. 英文字母一共是几个字?

4. 我来到一个人山人海的派对——却没有看到一个人在。为什么?

答案

1. 她想买的是住宅门牌上的数字。
2. 先横着切，再竖着切，最后从侧面与桌面平行切。
3. 一共是4个字。
4. 是两口子的派对。

6 掌握你的资本

IQ POWER-UP

整体智能涉及了感情意识、本能意识以及运用逻辑分析的能力。有少数的个人，其卓越的智能和智商将他们置于了普通人群之外，例如顶尖数学家和科学家，他们开发利用了并不突出却蕴含潜力的某些智能面，增强了自身的能力。了解心理层面的非理性特点，可以为自己创造出另一种环境，使智能得以蓬勃发展。

最后一章继续深入探索有关智能的开发：如何生成新创意，以全新面貌应对世界，如何给予或接受别人的帮助，以及在生活中，如何让自己不断从强大的智能中受益。

理性与情感

我们的思维在不断评估与回应环境带来的变化。这种细微却持续的脑部活动造就了我们的理性与情感，并在数百万年中不断进化。

我们的三合一大脑

在 1970 年，神经学家保罗·麦克莱恩提出了一个理论，他认为，我们的大脑是一个“三位一体”（三合一）的构造，与人类进化的主要阶段相联系：从爬行动物到哺乳动物，再到我们目前的形态。大脑的每一层都掌握着特殊的功能，三层作为一个整体相互影响。

爬行动物大脑

脑干和小脑是进化史中最古老的部分。它们构成了爬行动物几乎全部的大脑。对人类而言，爬行动物的大脑控制赋予了我们活着的功能，如呼吸和心跳。它也适用于基本的生存行为，这些在我们身体中都是根深蒂固的。

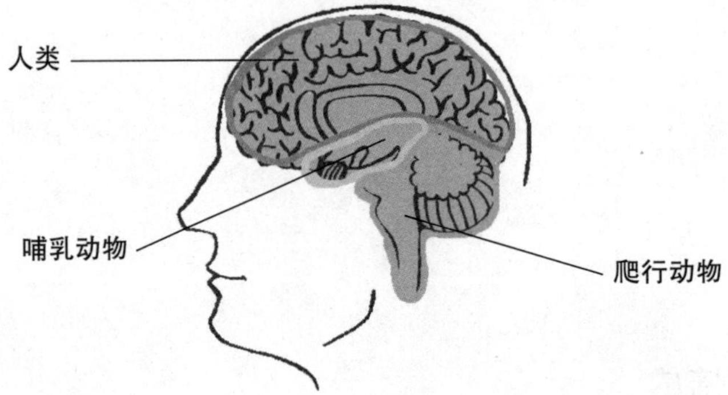

哺乳动物大脑

这部分大脑在包括人类在内的哺乳动物中进化，支配了记忆和情绪表达。有别于爬行动物的大脑条件反射，哺乳动物大脑使我们有能力应付多变的各种情况。我们通过它可以做出有价值的判断，如“这食物的味道不错”、“那人真可怕”，对重要的事物产生重视，给予优先对待。可一旦这部分大脑释放过于强烈的反应，就也会造成偏见与扭曲的思维。

人类大脑

大脑皮质，是我们在大脑照片中最容易辨认的部分，在灵长类动物，特别是在人类中占最大的主导部分。它控制IQ相关功能，如语言、逻辑、提前规划、抽象思维、创造力。它也令我们对于自己的感受产生了理解，对各种情况产生了复杂的回应。

虽然大脑的最外层控制了我们大多的人类特征，但它的良好运作效率还是受到了其他较为原始部分的控制。而实际上，人类和哺乳动物的层之间是由是一个十分密集的神经网络连接，这表明了情绪在我们的思维过程中有着强大推动作用。

情商 EQ

智能绝不仅仅是我们 IQ 技能的综合。有一个叫做“情绪智力”的概念反映其更为广阔的视野，它是思想和情感的交融，涉及到换位思考和知识量，与感情、本能以及推理能力都息息相关。

情绪智力的本质

聪明的人有时也会犯愚蠢的错误：他们有时会对同事发火，也会因为情绪激动从进行到一半的会议中夺门而出。相反的，有些并不十分聪明的人却表现得更智慧，应对各种场合都游刃有余。那么造成这种区别的原因究竟是什么呢？

答案就是情绪智力。心理学家兼作家丹尼尔·戈尔曼普及了这一概念，他将其定义为令我们能够成功利用其他方面思维能力的主要资质。美国哈佛大学心理学家霍华德·加德纳也将情绪智力定义为与“人际”和“内在”两个“多元智能”相关的智能。

情绪智力关乎于如何管理好不理智的情绪和准确判断他人的情绪。主要包含了以下方面：

自我意识 在产生情绪时能够自我意识，并分析原因。这种能力能够避免过多的情绪累积而产生负担，如兴奋、恐惧或愤怒。让我们不会被乐观情绪误导或被悲观击溃，同时帮助我们准确判断事态。

情绪控制 正确抒发感情以及管理有害情绪的能力。这令我们能够学习自我约束、自我鼓励以及克服挫折，使我们的情绪维持稳定与平衡。

换位思考 “读懂”他人表情和动作的能力，并迎合他们的需要来提供帮助。换位思考看似与IQ并没有多大关系，然而我们生活中大部分的问题都牵涉到其他人，所以理解他人，甚至预测他人的行动能够帮助我们达到自己的目的。

驯服野兽

从原始的过去所保留下来的古老反应在现代世界中不见得总是对我们有好处的。例如，爬行动物的大脑的生存本能往往遵循不变的反应模式，当我们在压力之下这些模式会变得更为顽固，导致强迫性的行为或重蹈覆辙。

同样，动物的情绪有时也会劫持人类的理性和判断。最明显的例子就是在工作、学习甚至IQ测试中，担忧都会对思维造成阻碍。它将你从理想的“心流”状态中（见33–35页）推入了一种没有记忆和理性的恐慌区。这样造成的结果是，很容易犯错，而犯错会令你更加恐惧懊恼并对未来类似的任务丧失信心。反过来说，快乐、积极以及放松的情绪能解放你的思维，比如鼓励自己去探索更多、更大胆的问题解决方案。

然而我们之所以有本能与情绪是因为我们是人类，所以我们不可以也不能够无视或压制它们。和谐的理性和情绪是情绪智力的精髓，从对过去及未来的恐惧的泥沼中解脱出来，也能帮助我们从思维短路或者扭曲（见69页，推理链）中摆脱出来。建立一系列由愤怒转向积极的行动方案：首先，审视我们本能反应下的情绪，将这种情绪代入理性的空间中分析，找到造成负面情绪的根源问题，解决它，而不是将它视为一种威胁来反抗。

“我们之所以失去理智是因为败给了情感。”

布莱兹·帕斯卡尔（1623–1662）

实践中巩固 IQ

巩固 IQ 能力就如同健美塑身——当困难转变为轻松时，就要以更多信心来面对更大挑战。这种改变也许在不经意中发生，你和你身边的人会突然发现，你的思考和行为像完全变了个人似的。

个人潜能

强大的思维灵敏度和清晰度，以及由繁化简的能力，会刺激你的求知欲和挑战欲。充分了解自己的潜能，你需要做到以下几点。

- 找出能够充分开发自身潜力的途径。
- 开发观察大局的能力。
- 开发相关能力：展望未来考虑怎样播种才能得到硕果累累。

新的知识、逐渐增强的适应力和有力的批评性分析相结合，令你能够以一种更广泛明智的方式来评估所有信息来源。从巩固 IQ 中你也会感到其效益为你生活带来的改观，如：

- 懂得把握良机。
- 工作中能用更机敏、更效率的方法来完成任务和学习。
- 体会到从挑战更难的智力测试中评估自我能力所带来的乐趣。
- 对于学习的渴望。

你的钻研精神可能朝着更明显的方向改善，可能是工作中的研究，或掌握一门从前苦苦挣扎的课题，如经济或政治，甚至它也可以为你开拓一个全新的方向。

新概念

如今，你已不需要通过和学术天才面对面交流去获得他们的研究结果，也不用和你持相反意见的人分享或讨论。可以利用你感兴趣的一些网络信息，为思维补充一些尚未开发的知识源。

对智能的应用通常包括从全新角度来审视问题。通过创造力或右脑思维，找到一个知识领域的相关主题融入其他知识领域。这便是创新发明和突破的触发方式，从苹果 iPhone® 的创造到为一个处于战乱中的国家找到和平的出口皆是如此。

精神食粮

- 如果科技是你感兴趣的领域，那么你可以全力投入寻找新设备或产品研发的可能性。
- 拿一个经常出现的新闻，如石油价格或失业。考虑一下这个问题可以对社会造成的影响，以及政府会采取怎样的手段降低经济风险。
- 通过寻找一个感兴趣主题的两个不相干的方面来锻炼思维的创造性。设想一下，如果将两种完全不同的电影类型（如恐怖和爱情）或主题（如中国工业和外星人劫持）结合在一起，会从中产生怎样的新电影构思？

展望未来

至此，你可能会问“那么接下来呢？”到这里你可以有个喘息的机会，来回忆一下你已经掌握的内容，并确定一下未来的方向。

进步之轮

下面的轮盘是一个可以记录 IQ 提高的图标工具。每个区域分别代表了我们在这本书中讨论过的 IQ 强化的主要领域。每一环代表了进步的水平，中心环代表了最低水平，外环则是最高的满意水平。

为自己制作一个轮盘，考虑自己的强项和弱势，按顺序标记目前每一个“角”在你心里的位置。举例来说，你若觉得在梳理思维扭曲方面取得的进展不大，可以只标记最内一环。如果你在建立知识和管理信息方面出现了明显改进，你也许会标记在四到五环左右。你可以在三个月后再次使用这个轮盘检查进度。

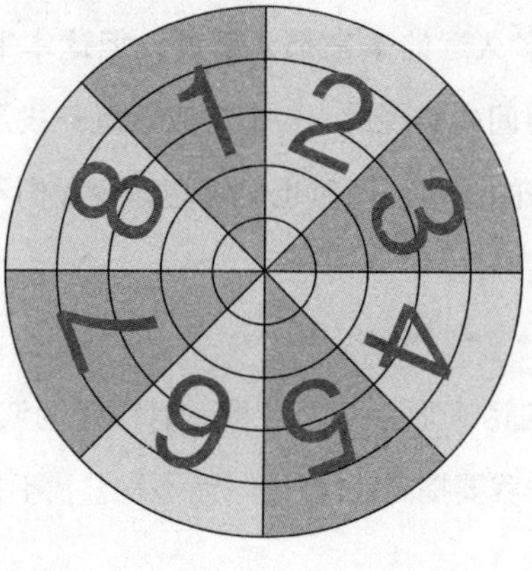

1 IQ测试成绩
2 思考/反应速度
3 营养/身体健康
4 理性思维
5 工作记忆
6 逻辑和推理
7 知识增长
8 小聪明

拟定终生计划

想要达到目的的人们要遵循一个清楚的计划：他们会精心绘制出心中预期的模样，然后再将计划转变为现实。他们会学习一些课程或技能，加入相关组织，并通过网络结识志同道合的人，通过掌握他人思考方式来实现自己想要的东西。同样，通过拟定自己的人生计划，你可以以自己的方式来提高个人 IQ，并设定目标应将巩固后的智能运用在生活的各个方面。遵照这样的计划，你会重新拥有一片开阔的视野——无论是工作、学业、休闲，或仅仅是以一个更开明的角度去了解世界。

下面，为你拟定三个月计划给予了一些建议。你的人生发展计划应包括明确的目标：你可以使用波士顿矩阵（见第 83–85 页）或四股分析（见第 80 页），帮助您确定重点需要发展的领域。该计划还应包括丰富日常生活的活动。不管你选择怎样的方案，IQ 都将作为一个整体融入你的生活大局。

三个月计划

只要你喜欢，计划到多久远的未来都无所谓，但这本书中描述的重要改进都是能够在短时间内实现的。3 个月应该是一段足够的日子——足够长能够看到显著的进步，同时也足够短，令我们不至于会心生畏惧。

* * * * *

建立明确目标　用一句话来形容每个目标。以积极词汇来表述，避免负面词汇，举例来说："我要提高 IQ 成绩"而不是"我不会在考试中失利"。

* * *

随时检测进程　参照你的进步之轮（见 103 页）在各区域设定具体的目标：例如在第五区（见 63 页）内"提升 3 个数字跨度"，或在三区的"健身计划内添加一个项目"。首先你需要攻克的是最薄弱的区域，提高自身在该区域内的水平；这将让大脑整体水平得到大幅度提升。

* * *

全方位发展　做一些快速而简单的任务（如每日纵横字谜）保

持大脑的活力，也可尝试更长远、难度更高的挑战（如学习一门新的语言）。你可能会发现有一些任务，如提高你的 IQ 分数，会因为目标过高而变得难度更大，而其他任务，如积累新信息，可能有一个困难的开端，但难度会因时间推移而逐渐减弱。无论是新挑战带来的刺激还是成就带来的光芒，都能够提升你的自信心，让你对提高自己的聪明才智更有把握。

来自他人的帮助

从本质上讲，我们所做的每件事都跟人与人之间的交流密不可分。我们往往不懂得借鉴别人的知识和经验，但实际上，来自他人的支持可以在开发智力潜能的道路上给予我们极大的帮助。

指导

导师是你尊重的人，他们可以将自身的知识和智慧传授给你。许多组织都会提供项目，让同事们相互指点，共同发展和进步，但在正规教育之外的个人智能指导是极为少见的。

觅得一位良师能够加速你的智能发展。一位良师可以帮助你看到宏观画面，即便是难以解开的难题，也可以从旁协助你找到正确的解决问题的方法和步骤。一位良师能够给予你鞭策，使你更好地掌握一门基础学科（无论是莎士比亚形象雕塑还是经济规划）的方法或切入点。他 / 她还能够帮助你探索新的领域，从旁监督你，令你以自己的方式做出改变和调整，来努力实现目标并开阔视野。

寻找理想的导师，取决于你所处的学科领域和你希望得到的协助方式。布朗芬布伦纳的“嵌套系统”（见 86 页）中所提到的中系统、外系统的信息源是一个不错的起点。

利用反馈

许多人认为反馈代表的概念是困扰，因为它常常与批评和指责等负面联想挂钩，而实际上，通过反馈来提高自身理解能力或理解深度是非常重要的学习方式。

目前有一种越来越流行的反馈方式被称为360度评估，员工们从中不仅能够深入了解到个人业绩，还能够评估不同部门、不同职务同事的工作表现。你同样也可以通过类似的方法来测试自己的想法和能力。比你经验丰富、博学多才的人能为你带来启发，提醒你有关自身的推理谬误。而教导他人也是一种双向反馈指令，它能够令自己的想法浮出水面，因为一位聪明的听众一定会发起值得深思的提问。

倾听的艺术

比起在正确场合中点头称是，阿谀奉承，真正的倾听才是一门艺术。当实践它时，会开辟出通往知识的新途径，通过不断的信息累计为大脑加油。有效的聆听方式是这样的：

- 把全部注意力都集中在对方身上，保持眼神交流。
- 不要点评。
- 不要打断，让对方把话说完。
- 不要武断判断对方的“真正”含义。
- 将所听到的用自己的话简单表达出来，包括感想和事实。
- 提出问题确保你了解无误。

设定力所能及的范围

低估自身能力可能会造成挫败和不适，而过于高估自己也会带来同样的后果。学会辨别自身能力范围可以避免在解决问题的过程中的自我束缚，从而也能令你的能力得到更好的发挥。

现实的范围

我们都明白所有人的能力是有极限的：只有少数几个人能够成为奥林匹克运动员或是诺贝尔奖获得者。不过，我们还是可以为自己设立一些吊足胃口却还是有可能达到的目标，比如成为优秀的律师或是受欢迎的小说家。盲目追求全方位的成功实际上会阻挠我们的发展。首先我们要客观认识自己的能力，给自己的野心构建一个现实的框架，以杜绝随后不断的失败与失望。

越学越多却越懂越少

当你思考的问题越来越远、越来越深时，很自然的，你可能会因为该领域仍有许多你不知道或还没有掌握的而感到挫败。其实，越是高智商的人往往越善于怀疑，著名学者经历情绪化的中年生活或职业生涯的中年危机并不是什么不寻常的事，因为他们发现，他们的知识越是渊博，越是意识到自身的渺小。

狭窄的学习方式可能会令你很快成为一个小范围内的知识专家，你会因而产生成就感。但正如我们所看到的知识树（见 58–61 页），每个知识领域都能够衔接其他领域的可以加以探讨的新话题。保持一颗平常心，你永远不可能无所不知，但这并不妨碍你享受这世界的奇妙与神秘。你的目标是成为已知事物的专家，并尊重超出你理解范围外的一切。

足够好了

看似不太可能，然而接受了自己足够好的事实真的可以让你有更好的表现。可以让你消除焦虑，也更容易进入一种“心流”状态（见33–35页）。这不是一种妥协的哲学，更不是破罐破摔，因为对我们大多数人在大多数情况下而言，“好”的确是足够好了。“足够好”包括了对于自己技术和才能的信任，无论合适何地，当你需要它就在那里，随时为你的良好发挥而做好准备。

优秀的演员都知道，当幕布拉开的瞬间他们便要开始流畅地说出台词，但他们不必担心，因为只需要集中进入角色便可以了。相反的，新手演员常常会担心面对观众或站在舞台上时会说错、卡住、表现不佳。这样的担忧会令我们在关键时刻裹足不前，它削弱了临场发挥的表现。满足于“足够好”能够将你从自我批判的情绪中解脱出来，同时也释放出你的天赋。

庆祝的理由

借这个机会我要恭喜你在自我发展的道路上已经走了这么远了。你会发现，这个旅程将提高您的智能、丰富你对周围的世界的看法。

任重而道远

读完这本书的时候，思考一下你正在进行中的任务，以什么样的方式来提高你的智能，让自己向着更富有意义的生活迈进。

首要的任务便是拓展知识基础。更茂盛的知识树（见58–61页），将形成你的思维枢纽，便于你更轻松地吸收新的信息。不断更新你的信息来源，巩固你的专业知识，将新接受的信息进行整理（见85–88页）。

你的下一个任务是将你专业领域的知识运用到对其他科目的理解上。这将要求新开发的批判性思考能力，评估信息并判断需要掌握多少信息能形成入情入理的见解。

第三，保持身体健康，科学饮食，坚持锻炼，为你的大脑不断补充营养物质，这将有助于建立新的神经网络，增强你的思考能力。

最后，实践并实现“心流”状态（见 33-35 页）。如果你的这种状态维持时间越久，那么你的智慧和创造力越能得到充分的发挥。

重返校园

有了新的思维技巧，将它们为我所用的途径之一便是考虑进一步深造。无论你选择怎样的科目，都要确定自己能够将强化理解能力运用在上面。仔细地筛选，因为可能有一些令人失望的核心课程。如果你的兴趣是在发展的关键能力上的话，那么找一门能够令你产生新见解和想法的课程。如果你志在学习新技能，那么就找一门能够让你把聪明才智运用到动手能力上的课程。如果你希望丰富自己的知识，那么选一个能为知识树添加新分枝的课程（见 58-61 页）。

书外的世界

遵照这本书提供的指导，你应该逐渐发现了它为你生活各方面带来的正面效益。你所掌握的种种新技能和信息都能令你自信心增长，而你的成功则会提高你对风险的担当能力，令你在面对新的目标和理想时无所畏惧。你所看到的宏观画面将会令周围的世界变得更丰富多彩，旖旎多姿，从你所处的地方可以轻松找出全局中的最佳位置。这一切的一切，都证明你现在能够复合、多方位地表达并不断地适应自身的变化。

“人的思想一旦被新想法拉伸，便再也不可能回到原来的状态。”

奥利弗·温德尔·霍姆斯（1809-1894）

IQ 题解

POWER-UP

第 8–12 页：IQ 测试

1. alike

2. will

3. 时间

4. travelled

5. 在线下的是负数，上面的是正数。将第一个和第二个符号相加得出第三个符号。所以 –2+4=2

6. A 星星的位置是按顺时针和逆时针方式交替出现，所以下一步应该是在第四幅图的基础上逆时针游走两格。

7. 15，14。序列由第一、第三、第五个数组成，每次都增加一个：6+2=8；8+3=11。第二、第四、第六个数也比先前的少一个。

8. 83。第三个数是前面两个数的总和。

9. 12。解决这类问题的关键就是找到拼图的切入点。这个例子中是横向第三排：如果 4 个 A 是 12 的话，那么 A 就一定是 3。

10. 24，一个园丁用 4 小时割一片草坪。你如果仔细想一想，答案显而易见，快速方法是确定 4 个园丁用 4 小时，那么 1 个园丁用 1 小时。

11. D 和 E。

12. 有罪。

13. D2。A 被顺时针转了 180°，B 是 A 的反面。如果将 C 以同样方式旋转的话，你会看到 D2 的画面。

14. 北（与步伐无关）。

67–68 页：增强逻辑能力

1. 错。如果想让这个结论成立的话，必须先给出拥护高赋税的都是社会主义者的假设，而这样的假设并未在论据中出现。

2. 对。因为鲸类都是哺乳动物，所以它们都是温血动物。

3. 可能是对的，但仅仅用白色羽毛作为天鹅的特征说明是不够的，我们知道天鹅有其他颜色的。

4. 这属于因果谬误：因为两个事件同时发生，不代表它们有任何关联。你必须对汉堡店、当地防治虫鼠政策以及乔的汉堡材料做出调查，才能建立起两者之间的联系。

5. 这类问题被称为“复合”问题，它是不合理的，因为它包含了一个还没有被证明是正确的假设。（谁说所有女人都痴迷于购物？）对于看似只是要求回答“是 / 否”的复合问题要保持谨慎。（如经典的问题“你还在打老婆吗？”）

6. 这类谬误属于诉诸无知：这里涉及的观点是由于没有证据证明它是假的，所以它就是真的；反过来说，因为它并没有被证明是正确的，所以它是错误的。由于缺乏证据，其本身并不能成为论证。

7. 这样的论据属于不切实的诉诸权威。这是不切实际的，因为它所引用的观点并非来自特定领域的权威（爱因斯坦的专长是物理，并不是道德），或没有引用的专家观点的必要性（你真的需要爱因斯坦来说服你友好待人吗？）。

8. 这类论据属于歪曲事实。在理性的论据中，全面地看待问题通常是很重要的尝试。但是，不排除某件事是完全正确或完全错误的。例如，你能想象谋杀也存在着一种中立的观点吗？

附录　练习题

IQ POWER-UP

一、形状与序列

1. 图形接龙（1）

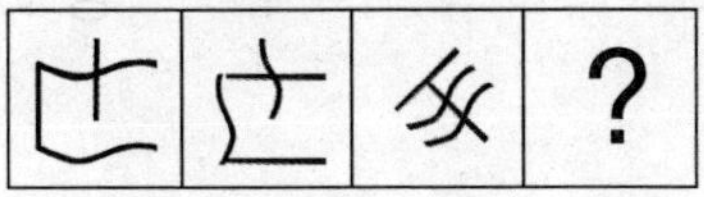

(1) (2) (3)

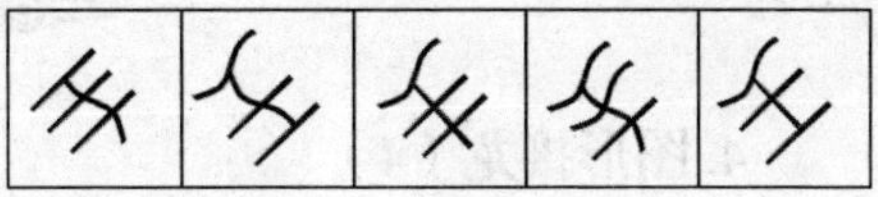

A B C D E

2. 图形接龙（2）

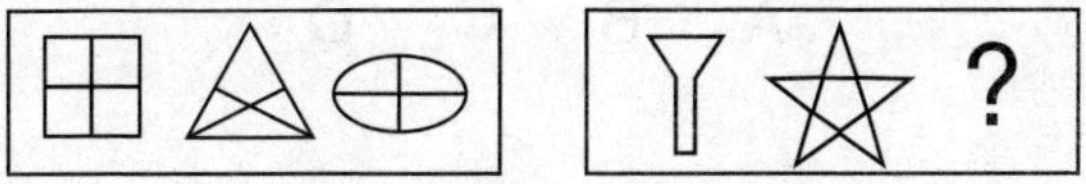

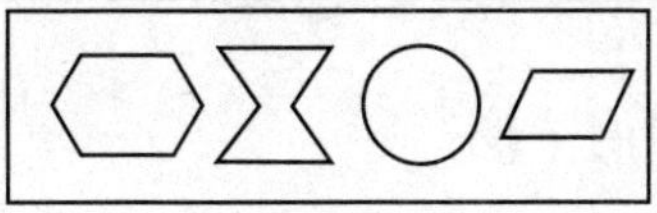

A B C D

3. 图形接龙（3）

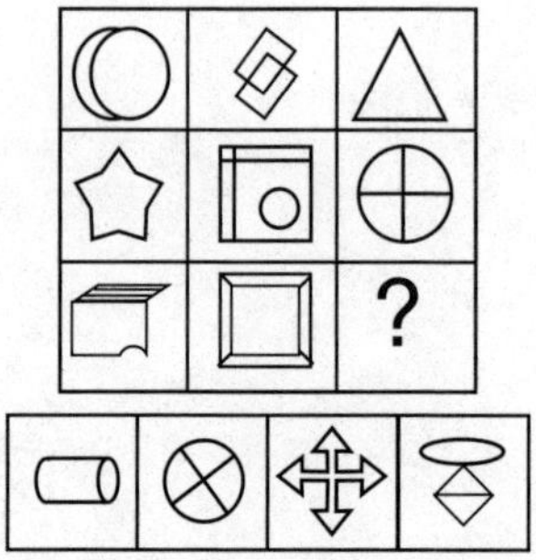

A B C D

4. 图形接龙（4）

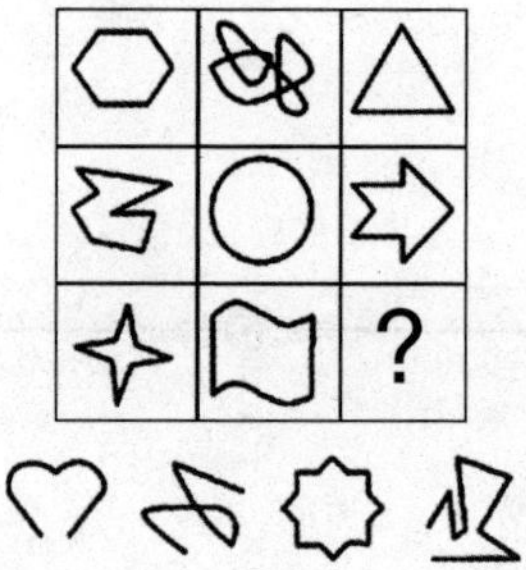

A B C D

5. 选出下一个图形（1）

A B C D

6. 选出下一个图形（2）

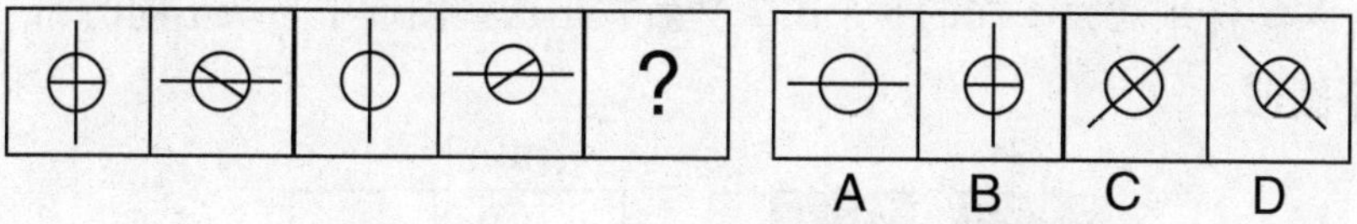

7. 选出下一个图形（3）

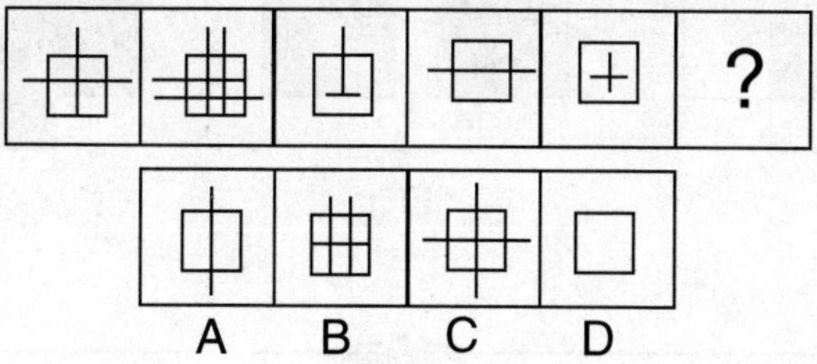

8. 选出下一个图形（4）

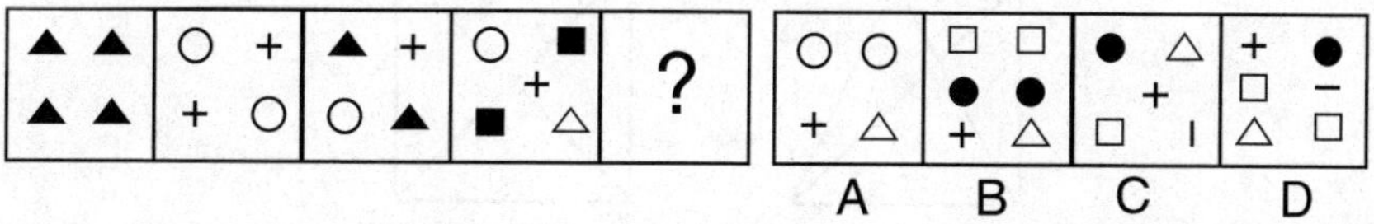

9. 选出下一个图形（5）

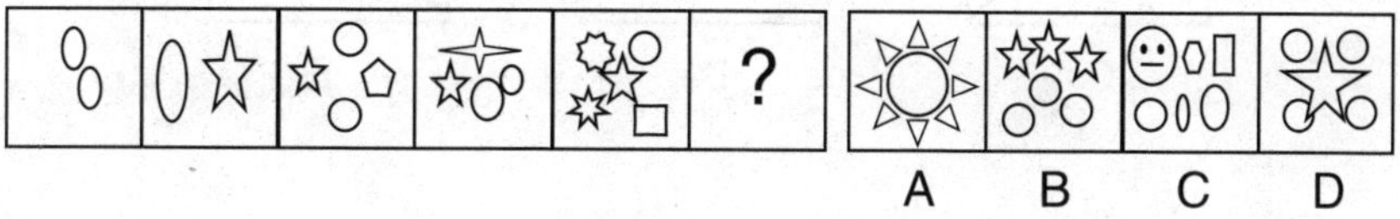

10. 不同的正方形组合

请仔细观察下面的 5 个图，然后找出这些图形中与众不同的那一个图形。

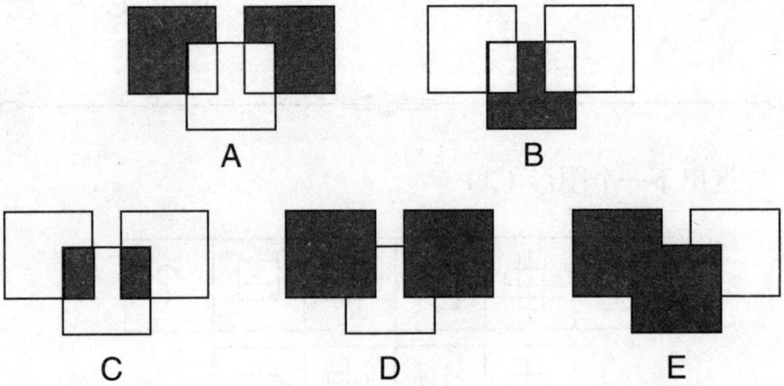

11. 找不同

请找出图形中与众不同的那一个。

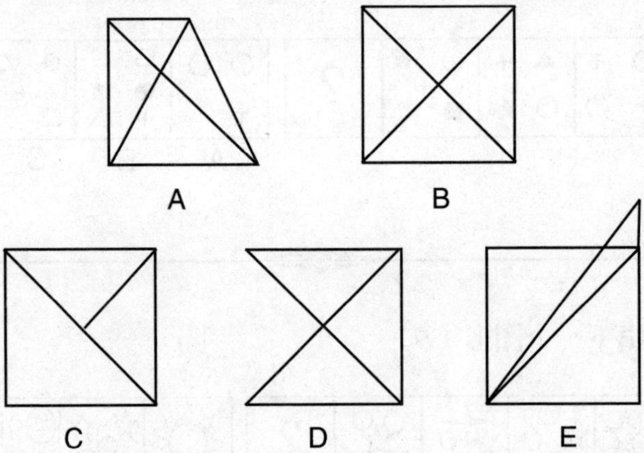

12. 哪一个与众不同

下面四个图形中，哪一个与众不同？

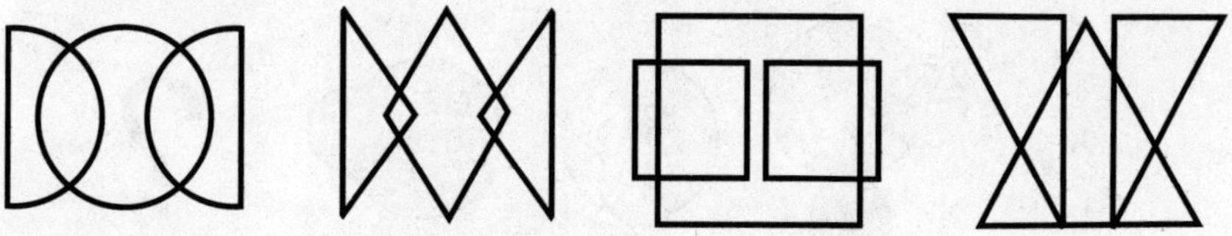

A　　B　　C　　D

13. 看图片，找规律

A—F 六个图形中，哪个能延续这个图形序列？

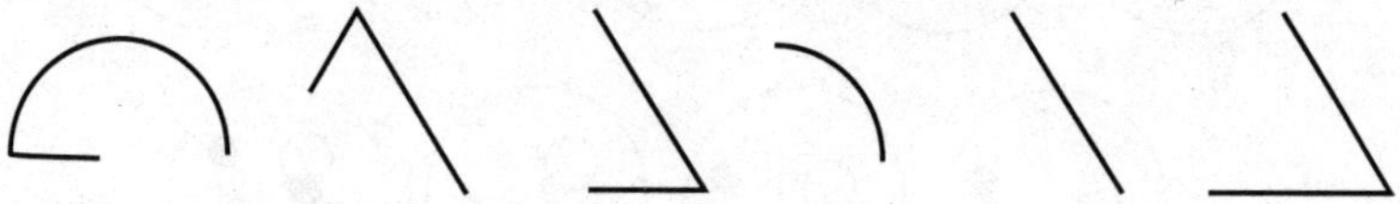

A　　B　　C　　D　　E　　F

14. 图形变化

哪个选项是这一序列中缺少的？

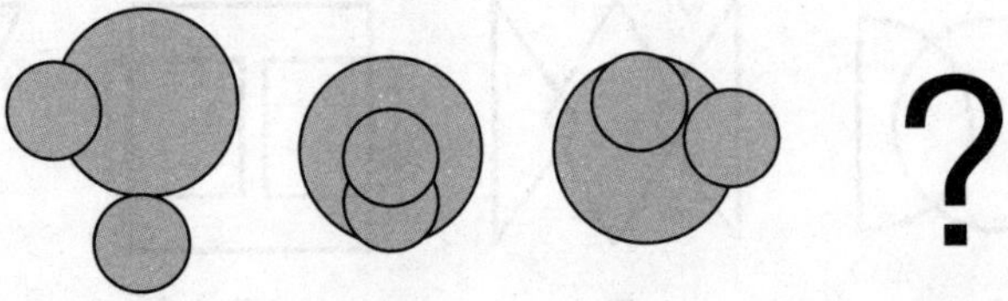

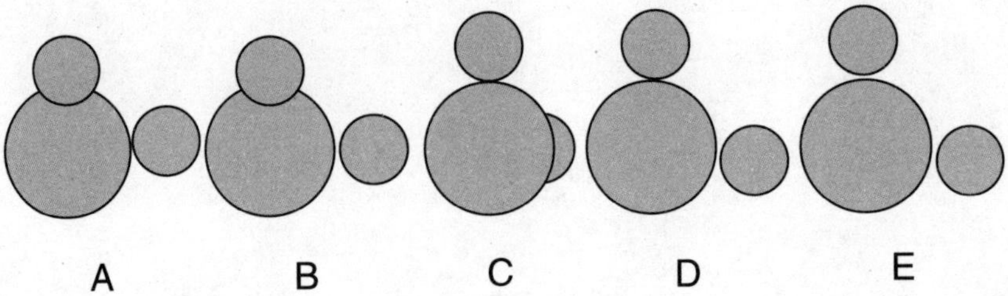

15. 符号序列

缺失的符号是哪个？

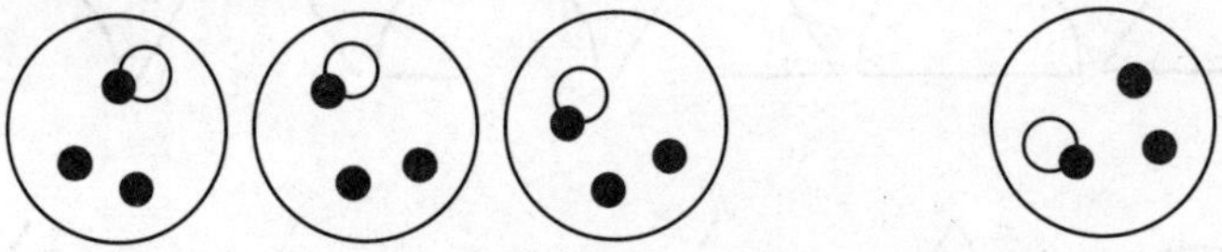

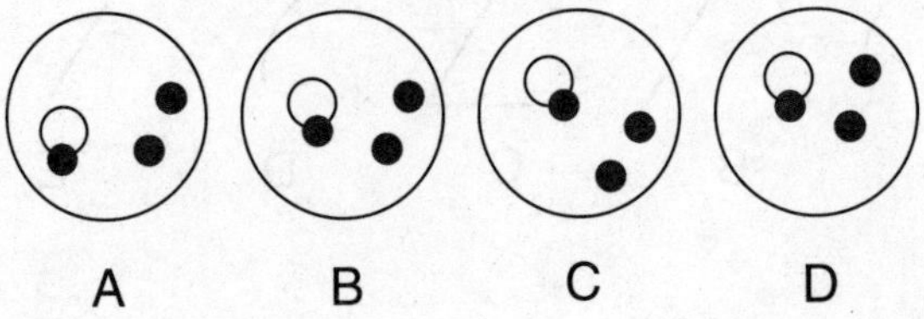

16. 找出同类图形

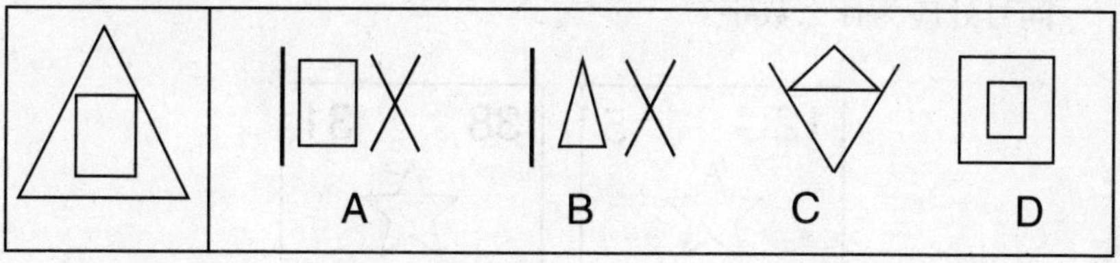

二、数字与字母

17. 数字之窗

问号处应为什么数字？

7	8	1
16	?	5
8	24	16

18. 数字卡片

问号处应为什么数字？

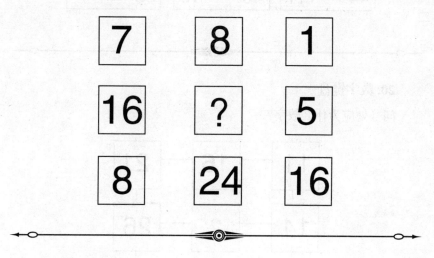

4	6	8	10	12	?
37	26	17	10	5	?

19. 数字明星

问号处应为什么数字?

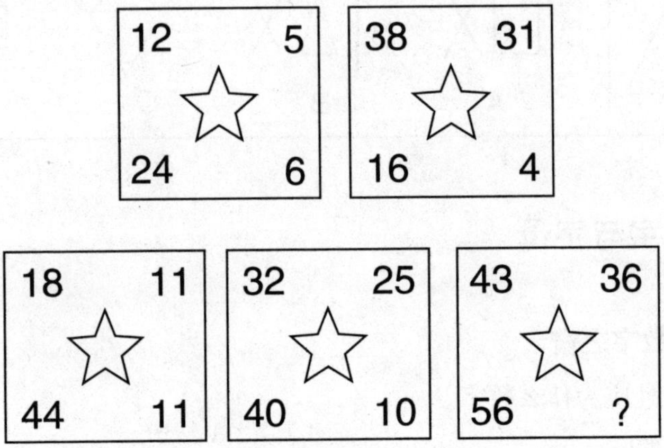

20. 数字键盘

问号处应为什么数字?

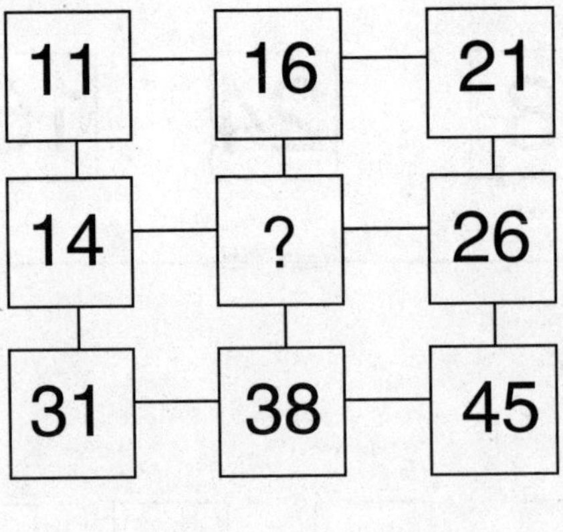

21. 数字纵横

问号处应为什么数字？

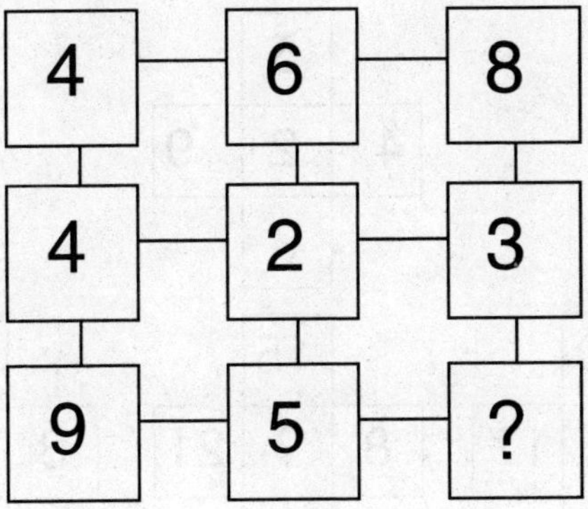

22. 数字路口

问号处应为什么数字？

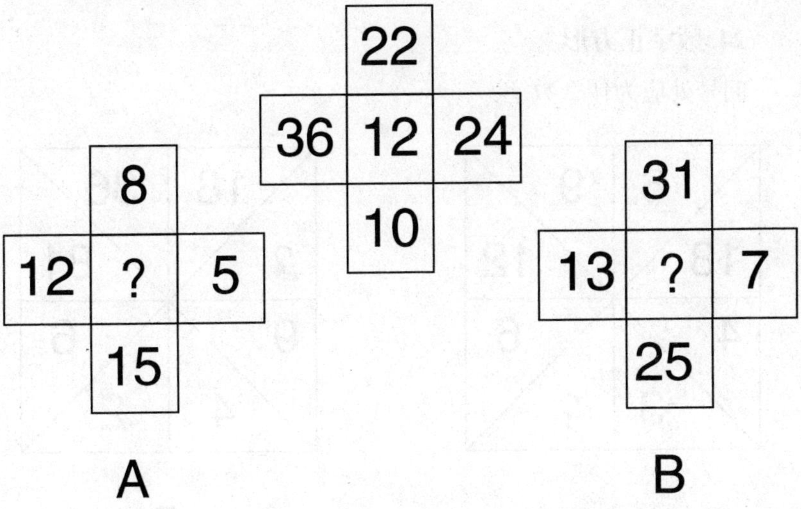

23. 数字十字架

问号处应为什么数字？

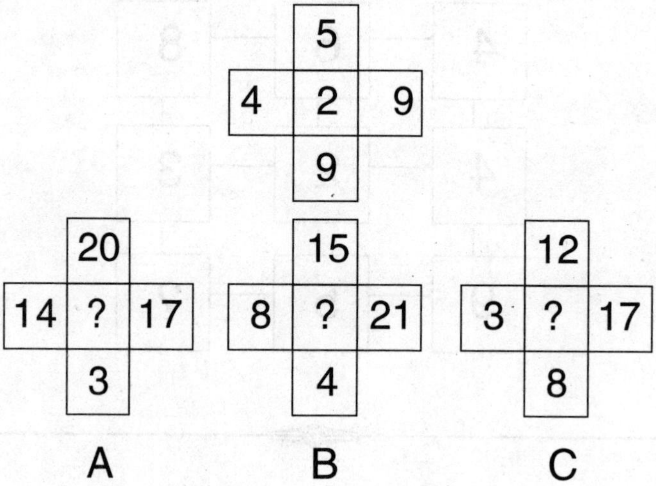

24. 数字正方形

问号处应为什么数字？

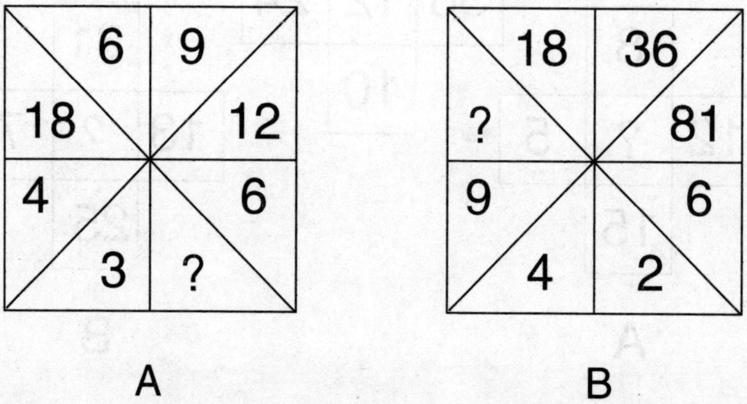

25. 数字转盘

问号处应为什么数字？

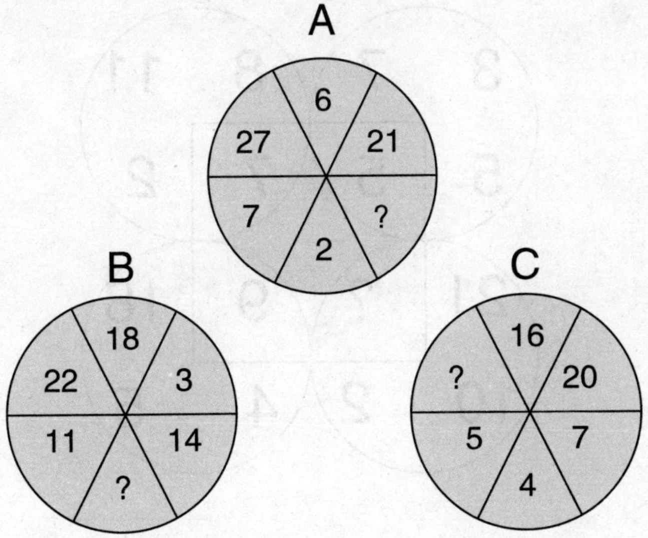

26. 数字方向盘

问号处应为什么数字？

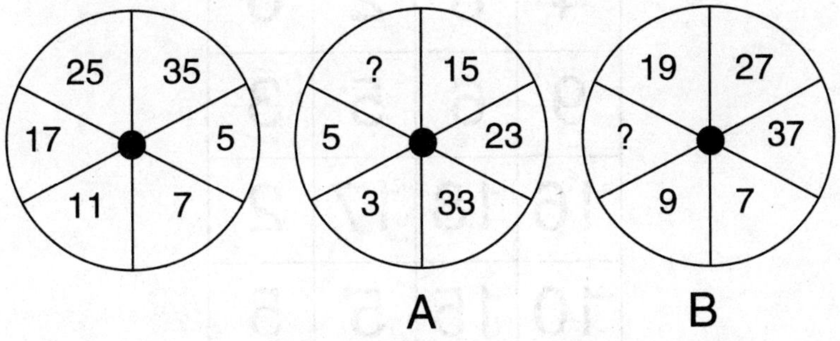

27. 数字圆中方

问号处应为什么数字?

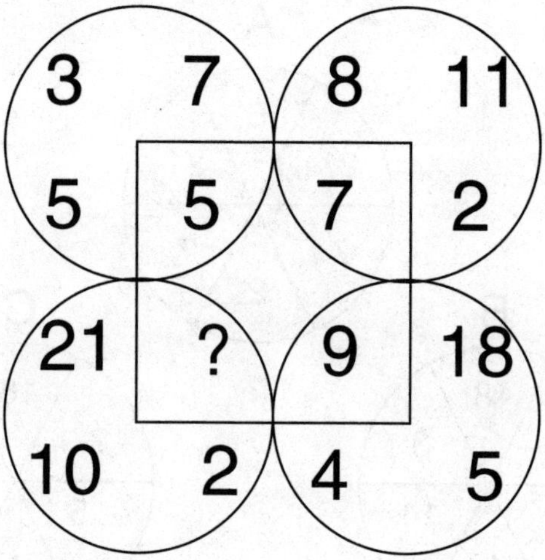

28. 数码大厦一角

问号处应为什么数字?

4	8	2	6
9	6	5	3
16	18	17	2
10	15	5	5
9	12	7	?

29. 字母接龙（1）

S	G	F	K	?

A	B	C	D
4	0	3	6

30. 字母接龙（2）

S	G	F	K	?

A	B	C	D
4	0	3	6

31. 字母接龙（3）

N	A	H

V	P	?

A	B	C	D
C	F	L	K

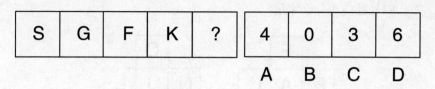

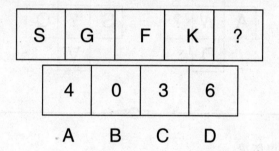

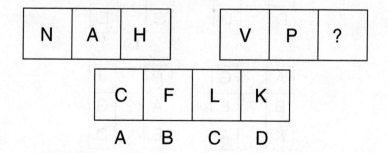

32. 字母十字架

问号处应为什么字母？

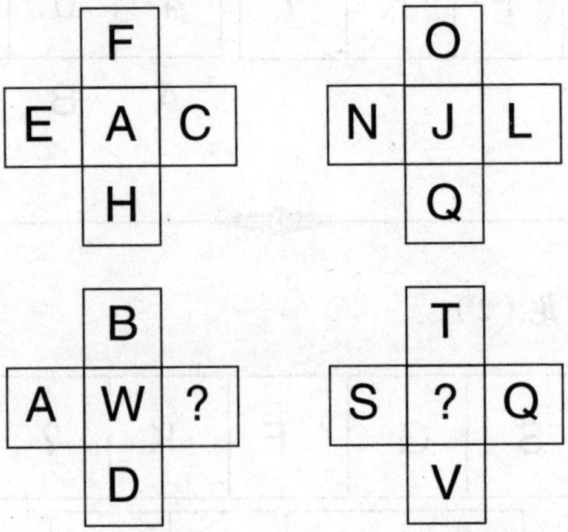

33. 字母桥梁

问号处应为什么字母？

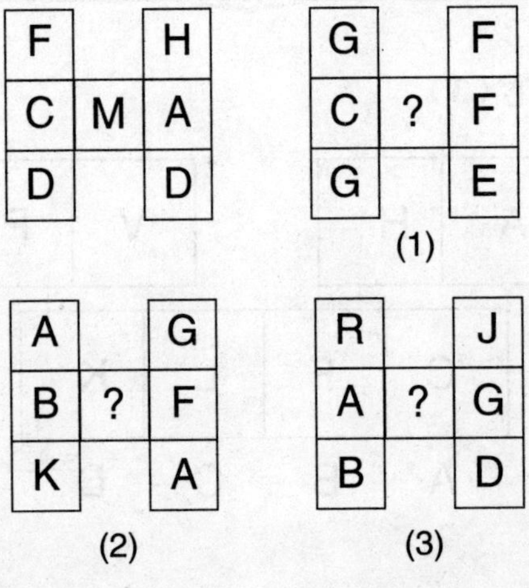

34. “数字 + 字母” 圆盘

问号处应为什么数字？

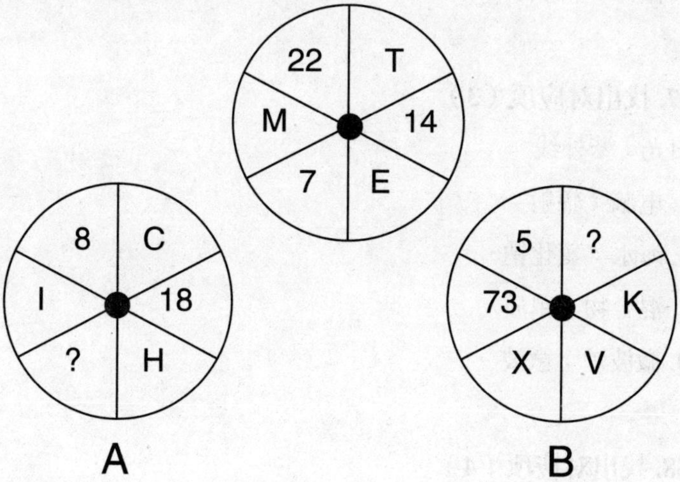

三、逻辑

35. 找出对应项（1）

期刊：杂志

A. 水果：柠檬

B. 酱油：食品

C. 油墨：印刷

D. 皮肤：搔痒

36. 找出对应项（2）

阅读：技能

A. 种瓜：技巧

B. 焊接：技术

C. 浏览：才华

D. 做诗：天赋

37. 找出对应项（3）

阳光：紫外线

A. 电脑：辐射

B. 海水：氯化钠

C. 混合物：单质

D. 微波炉：微波

38. 找出对应项（4）

股票：证券

A. 电脑病毒：程序

B. 粮食：谷物

C. 操作系统：电脑

D. 军人：警察

39. 找出对应项（5）

百合：鲜花：花店

A. 鲫鱼：动物：菜场

B. 木材：树木：森林

C. 沙发：家具：客厅

D. 衬衣：衣服：商场

40. 找出对应项（6）

打折：促销：竞争

A. 奖金：奖励：激励

B. 日食：天体：宇宙

C. 娱乐：游戏：健康

D. 京剧：艺术：美感

41. 幽默

幽默使人如沐春风，也能解除尴尬。一个懂得幽默的人，会知道如何化解眼前的障碍。我们有时无意中让紧张代替了轻松，让严肃代替了平易，一不小心就变成了无趣的人。

对这段话，理解不准确的是：

A. 紧张的生活需要幽默调剂

B. 许多人在生活中不擅长使用幽默

C. 生活中，幽默可以化解许多难堪

D. 有情趣的生活，是因为有了幽默

42. 人生目标

有一年，哈佛大学毕业生临出校门前，校方对他们做了一个有关人生目标的调查，结果是27%的人完全没有目标，60%的人目标模糊，10%的人有近期目标，只有3%的人有长远而明确的目标。

25年过去了，那3%的人不懈地朝着一个目标坚韧努力，成为社会的精英，而其余的人，成就要差很多。这说明：

请问下面接上哪一句话最合适？

A. 应该尽快、尽早地确定自己的人生目标

B. 生没有任何意义，但我们应该给它加一个意义

C. 是否有长远而明确的人生目标，对人生成就的大小有非常重要的影响

D. 如果有长远而明确的人生目标，就会获得人生的成功

43. 汽车油耗

专家认为，如果汽车技术行业经过长年的研发能降低3%的油耗，就可以算是非常显著的研究成果了。但即使是能降低3%的油耗，对实际生活中的消费者来说也不太明显。而且汽车生产厂家在不影响加速动力性的情况下，已经在尽量省油，目前生产的汽车在节油和动力方面的效果已经达到了最佳配置比。

根据这段话，以下说法正确的是：

A. 汽车消费者对能否节约3%的汽油不在乎

B. 目前生产的汽车已经达到了最佳的制动效果

C. 无论汽车技术怎么发展，节油效果都不会很显著

D. 在节油和动力的最佳配置比方面再寻求突破难度很大

44. 留大胡子的人

有些导演留大胡子，因此，有些留大胡子的人是大嗓门。

为使上述推理成立，必须补充以下哪项作为前提？

A. 有些导演是大嗓门

B. 所有大嗓门的人都是导演

C. 所有导演都是大嗓门

D. 有些大嗓门的不是导演

E. 有些导演不是大嗓门

45. 烦心的问题

一个月了，这个问题时时刻刻缠绕着我，而在工作非常繁忙或心情非常好的时候，便暂时抛开了这个问题，顾不上去想它了。

以上的陈述犯了下列哪项逻辑错误？

A. 论据不足

B. 循环论证

C. 偷换概念

D. 转移论题

E. 自相矛盾

46. 空间探索

空间探索自开始以来一直受到指责，但我们已经成功地通过卫星进行远程通信、预报天气、开采石油。空间探索项目还会有助于我们发现新能源和新化学元素，而那些化学元素也许会帮助我们治愈现在的不治之症。

这段文字主要告诉我们，空间探索：

A. 利弊并存

B. 可治绝症

C. 很有争议

D. 意义重大

47. 广告

在今天的商业世界中，供过于求是普遍现象。为了说服顾客购买自己的产品，大规模竞争就在同类商品的生产企业之间展开了，他们得经常设法向消费者提醒自己产品的名字和优等的质量，这就需要靠广告。

对这段文字概括最恰当的是：

A. 广告是商业世界的必然产物

B. 各商家之间用广告开展竞争

C. 广告就是要说服顾客买东西

D. 广告是经济活动中供过于求的产物

48. 文化和语言

法国语言学家梅耶说："有什么样的文化，就有什么样的语言。"所以，语言的工具性本身就有文化性。如果只重视听、说、读、写的训练或语言、词汇和语法规则的传授，以为这样就能理解英语和用英语进行交际，往往会因为不了解语言的文化背景，而频频出现语词歧义、语用失误等令人尴尬的现象。

这段文字主要说明：

A. 语言兼具工具性和文化性

B. 语言教学中文化教学的特点

C. 语言教学中文化教学应受到重视

D. 交际中出现各种语用错误的原因

49. 北冰洋海底

最近科学考察结果表明，北冰洋历史上曾经是一个很温暖的地方，物种非常丰富。此外，根据对海底沉积岩层的取样分析认为，北冰洋海底也许是一个巨大的石油储藏地。根据科学家的研究，围绕北冰洋周边，从美国阿拉斯加州的北端到欧洲北部的大陆架，都可能有丰富的石油储藏。

对这段话，理解不准确的是：

A. 北冰洋是否有石油储藏目前还没有确定

B. 科学家对北冰洋的历史状况进行了深入分析

C. 研究表明，欧洲北部大陆架有丰富的石油储藏

D. 北冰洋可能会成为其周边国家关注能源的一个热点地区

50. 中国的沙漠

中国的沙漠的确为世界上的科学家提供了与火星环境最为相似的实验室。科学家们已经去过了地球上最为寒冷的南极洲，也去过了地球上最为干燥的智利阿塔卡马沙漠，但他们真正需要的是将这两者结合起来的极端环境。

这段文字的主要意思是：

A. 中国沙漠为外星研究提供理想场所

B. 中国沙漠比南极洲更适合进行生物研究

C. 科学家为何选择中国沙漠作为研究对象

D. 具有最极端的环境是中国沙漠的主要特点

51. 火山

在人类历史以前爆发过，迄今为止没有爆发过火山叫死火山；在人类历史中爆发过，以后长期处于平静，但仍可能爆发的火山叫休眠火山；经常的或周期性喷火的火山叫活火山。

这段话的意思主要可归纳为：

A. 火山并非经常爆发

B. 火山爆发给人类带来极大危害

C. 介绍了世界上火山的三种类型

D. 火山经常处于活跃状态

52. 司机与交警的对话

司机：有经验的司机完全有能力并习惯以每小时 120 公里的速度

在高速公路上安全行驶。因此，高速公路上的最高时速不应由 120 公里改为现在的 110 公里，因为这既会不必要地降低高速公路的使用效率，也会使一些有经验的司机违反交规。

交警：每个司机都可以在法律规定的速度内行驶，只要他愿意。因此，把对最高时速的修改说成是某些违规行为的原因，是不能成立的。

以下哪项最为准确地概括了上述司机和交警争论的焦点？

A. 上述对高速公路最高时速的修改是否必要

B. 有经验的司机是否有能力以每小时 120 公里的速度在高速公路上安全行驶

C. 上述对高速公路最高时速的修改是否一定会使一些有经验的司机违反交规

D. 上述对高速公路最高时速的修改实施后，有经验的司机是否会在合法的时速内行驶

E. 上述对高速公路最高时速的修改，是否会降低高速公路的使用效率

53. 行为科学

行为科学研究显示，工作中的人际关系通常不那么复杂，也宽松些。可能是由于这种人际关系更有规律，更易于预料，因此也更容易协调。因为人们知道他们每天都要共同努力，相互协作，才能完成一定的工作。

这段文字主要是在强调：

A. 普通的人际关系缺乏规律

B. 工作人员之间的关系比较简单

C. 共同的目标使工作人员很团结

D. 维系良好的人际关系要靠共同努力

54. 发明家

虽然世界因发明而辉煌，但发明家个体仍常常寂寞地在逆境中奋斗。市场只认同其有直接消费价值的产品，很少有人会为发明家的理想“埋单”。世界上有职业的教师和科学家，因为人们认识到教育和科学对人类的重要性，教师和科学家可以衣食无忧地培育学生，探究宇宙。然而，世界上没有“发明家”这种职业，也没有人付给发明家薪水。

这段文字主要想表达的是：

A. 世界的发展进步离不开发明

B. 发明家比科学家等处境艰难

C. 发明通常不具有直接消费价值

D. 社会应对发明家提供更多保障

55. 潜在目标

在大型游乐公园里，现场表演是刻意用来引导人群流动的。午餐时间的表演是为了减轻公园餐馆的压力，傍晚时间的表演则有一个完全不同的目的：鼓励参观者留下来吃晚餐。表面上不同时间的表演有不同的目的，但这背后，却有一个统一的潜在目标，即：

以下哪一选项作为本段短文的结束语最为恰当？

A. 尽可能地减少各游览点的排队人数

B. 吸引更多的人来看现场表演，以增加利润

C. 最大限度地避免由于游客出入公园而引起交通阻塞

D. 在尽可能多的时间里最大限度地发挥餐馆的作用

E. 尽可能地招徕顾客，希望他们再次来公园游览

56. 玉米年产量

过去20年中，美国玉米年产量一直在全球产量的40%左右波动，2003—2004年度占到41.8%，玉米出口更曾占到世界粮食市场的75%。美国《新能源法案》对玉米乙醇提炼的大规模补贴，使得20%的玉米从传统的农业部门流入工业部门，粮食市场本来紧绷的神经拉得更紧。由于消费突涨，2006—2007年度全球玉米库存出现历史低位，比2005—2006年度剧减了2800万吨。难怪一年中全球粮油生产区的任何地方出现持续干旱或洪涝灾害，全球期货现货市场都会出现强烈反应。

这段文字意在表明：

A. 全球粮食市场正面临着库存紧张的严重危机

B. 美国在世界玉米市场中占有举足轻重的地位

C. 美国生物能源业的发展影响全球粮食供求关系

D. 对玉米乙醇提炼的补贴是一个不合时宜的举措

57. 音乐欣赏

音乐欣赏并非仅仅作为音乐的接受环节而存在，它同时还以反馈的方式给音乐创作和表演以影响，它的审美判断和审美选择往往能左右作曲家和表演家的审美选择，每一个严肃的音乐家都不能不注意倾听音乐欣赏者的信息反馈，来调整和改进自己的艺术创造。

根据以上材料，可以推断：

A. 音乐欣赏就是音乐欣赏者理解创作者对音乐美感演绎的过程

B. 所有音乐家以及作曲家都注意音乐欣赏者们的反馈

C. 音乐欣赏者的审美观对于音乐家来说也很重要

D. 音乐创造实际上是集体劳动的过程，而不是某个人单独完成

58. 商业设计

商业设计也许越来越被赋予艺术创作和欣赏的价值，但它根本的出发点和落脚点永远是把产品的特质用艺术的方式展现给顾客。如果一项商业设计不能让人联想到产品并对之产生好感，即使它再精美、再具创意，也不能算是成功的设计。说到底，广告在创意之外最重要的还是关联性，我们不想被一个美轮美奂的作品吸引，结果却看不出它与所代言的商品之间存在任何联系。

对这段文字概括最准确的是：

A. 独特的创意并非成就商业设计的绝对要素

B. 对于设计来说，吸引顾客应该是第一位的

C. 成功的设计必须能够艺术地展现产品特质

D. 商业设计应尽量强调广告与产品的关联性

59. 奇诗

第二次世界大战时，在德国法西斯占领下，巴黎的《巴黎晚报》上，刊载了一首无名氏用德文写的诗，表面看来是献给元首希特勒的：

“让我们敬爱元首希特勒，永恒英吉利是不配生存。让我们诅咒那海外民族，世上的纳粹唯一将永生。我们要支持德国的元首，海上的儿郎将断送远征。唯我们应得公正的责罚，胜利的荣光唯军队有份。”

难道这位法国无名作者真的这么厚颜无耻吗？不，巴黎人懂得这诗怎么读，他们边读边发出会心的笑声。不久，纳粹下令搜捕这位勇敢机智的无名诗人。你知道这首诗该怎么读吗？

60. 血写的 X

日本东京市中心有一家小旅馆，虽然只有 15 个房间，但是由于紧邻风景区，所以生意很红火。但是有一天，住在 10 房间的一个意大利游客在这家旅馆被谋杀了。令人奇怪的是，警方发现在他的手掌下有个血写的“X”，当时他们很不解。经验丰富的警长随后赶到，根据这一线索对旅馆进行了搜查，并立刻抓到了真凶。

你知道这个血写的“X”提供了什么线索吗?

四、空间

61. 适合的图形

A—E 五个盒子中，哪个盒子展开后能形成上面的图形?

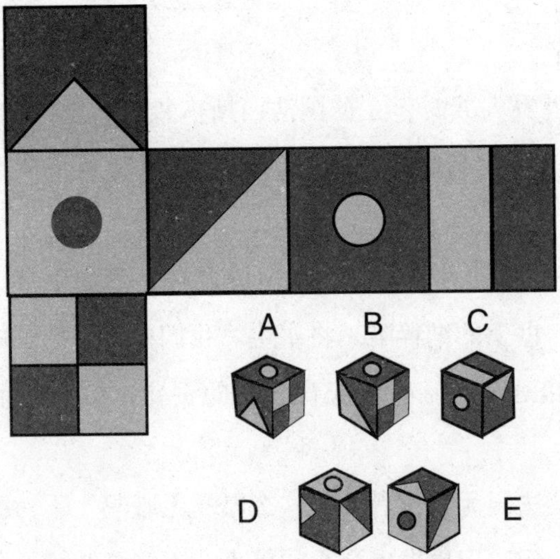

62. 包装盒

A—D 四个立方体中，哪一个和上面的一模一样？

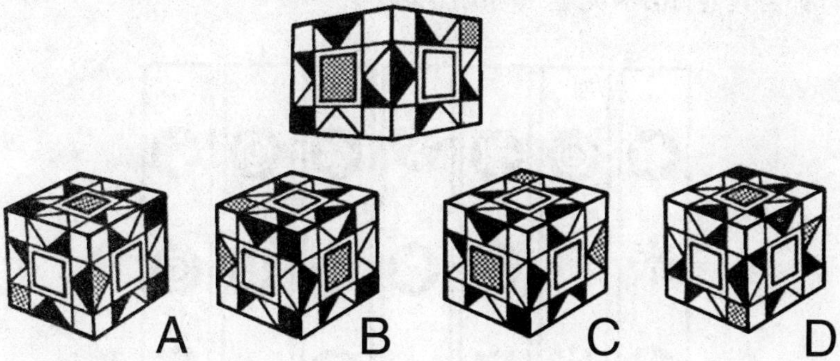

63. 找出对应纸盒

下面四个所给的选项中，哪一选项的盒子不能由左边给定的图形做成？

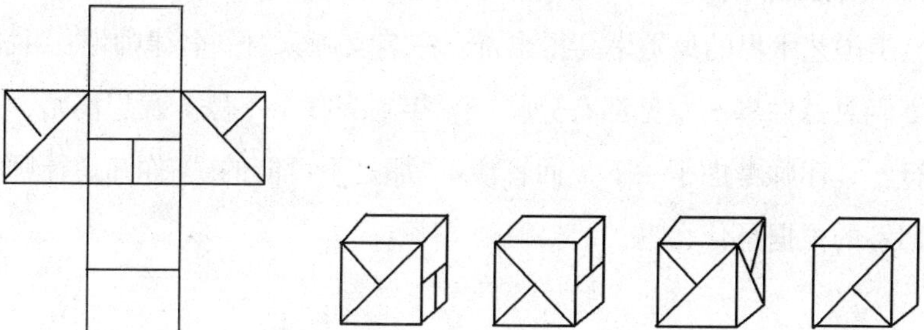

64. 看图片找规律

上下翻转下图中的条状框，请问最少需要颠倒几条才可以使每一横行都与其他行含有完全相同的图案？

五、推理

65. 她能离婚吗

美国艺术界的离婚率高得出奇。一名女画家对一名律师说："我们夫妻俩对每件事的意见都有分歧，一年到头吵个不停。我想离婚，行不行？"律师考虑了一下，回答说："那是不可能的。"你知道律师这样回答的根据是什么吗？

66. 赛跑

A、B、C、D4个孩子赛跑，一共赛了4次，其中A比B快的有3次，B比C快的有3次，C比D快的也有3次。大家可能很容易想到D一定跑得最慢。但事实却是，在这4次比赛中，D比A快的也有3次。你能说出这是怎么回事吗？

67. 死刑犯

一死刑犯就要行刑，行刑官对死刑犯说："你知道我将怎样处决你吗？猜对了，我可以让你死得好受些，给你吃个枪子。要是你猜错了，那就对不起了，请你尝尝上绞刑架的滋味。"行刑官想："反正我说了算，说你对你就对，说你错你就错。"没想到由于死刑犯聪明的回答，使得行刑官无法执行死刑，这个死刑犯绝处逢生。这个死刑犯是怎样回答的？

68. 小岛方言

一个晴朗的日子，一条船由于缺乏饮用水，在一个岛上靠了岸。这个岛上的人一部分总是说真话，另一部分总是说假话。可是，从表面上却无法将它们区分开来。他们虽然听得懂汉语，却只会说本岛方言。船员们登陆后发现一眼泉水，可是，不知这里的水能不能喝。这时，恰巧碰到一个土族人，便问道："今天天气好吗？"土族人答道："呜呜哇哇。"再问："这里的水能喝吗？"土族人答道："呜呜哇哇。"已知"呜呜哇哇"这句话是岛上方言的"是"或"不是"中的一个。你认为这里的水究竟能喝吗？

69. 猜头花的颜色

有3朵红头花和2朵蓝头花。将5朵花中的3朵花分别戴在A、B、C3个女孩的头上。这3个女孩中，每个人都只能看见其他两个女孩子头上所戴的头花，但看不见自己头上的花朵，并且也不知道剩余的两朵头花的颜色。

问A："你戴的是什么颜色的头花？"

A说："不知道。"

问B："你戴的是什么颜色的头花？"

B想过一会儿之后，也说："不知道。"

最后问C，C回答说："我知道我戴的头花是什么颜色了。"

当然，C是在听了A、B的回答之后而作出推断的。试问：C戴的是什么颜色的头花？

70. 盲人分袜子

两个盲人脚的大小一样，一同去商店买袜子。两人各买了一双黑的和一双蓝的。蓝袜子和黑袜子的质地、型号、商标完全一样。他们各自用纸包着，放在同一个提包里。等到两人分袜子时，发现纸包散开了，袜子混在一起，只是商标还完好，每双袜子还连在一起。两人商量了一下，想出了一个分袜子的好办法，结果每人拿了一双黑袜子和一双蓝袜子回家去了。请问，他们想出的是什么办法呢？

71. 彩色袜子

在衣柜抽屉中杂乱无章地放着10只红色的袜子和10只蓝色的袜子。这20只袜子除颜色不同外，其他都一样。现在房间中一片漆黑，你想从抽屉中取出两只颜色相同的袜子。最少要从抽屉中取出几只袜子才能保证其中有两只配成颜色相同的一双？

72. 被哪个学校录取了

阿呆、阿聪、阿明3人被哈佛大学、牛津大学和麻省理工大学录取，但不知道他们各自究竟是被哪个大学录取了，有人做了以下猜测：

甲：阿呆被牛津大学录取，阿明被麻省理工大学录取。

乙：阿呆被麻省理工大学录取，阿聪被牛津大学录取。

丙：阿呆被哈佛大学录取，阿明被牛津大学录取。

他们每个人都只猜对了一半。

阿呆、阿聪、阿明 3 人究竟是被哪个大学录取了？

73. 真假难辨

这个表格的含义是：A 指责 B 说谎话，B 指责 C 说谎话，C 指责 A 和 B 都说谎话。那么请问，到底谁说真话，谁说假话？

	A	B	C
A		谎	
B			谎
C	谎	谎	

74. 走哪条路

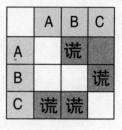

有一个外地人路过一个小镇，此时天色已晚，于是他便去投宿。当他来到一个十字路口时，他知道肯定有一条路是通向宾馆的，可是路口却没有任何标记，只有 3 个小木牌。第一个木牌上写着：这条路上有宾馆。第二个木牌上写着：这条路上没有宾馆。第三个木牌上写着：那两个木牌有一个写的是事实，另一个是假的，相信我，我的话不会有错。假设你是这个投宿的人，按照第三个木牌的话为依据，你觉得你会找到宾馆吗？如果可以，哪条路上有宾馆？

75. 谁是教授

阿米莉亚、比拉、卡丽、丹尼斯、埃尔伍德和他们的配偶参加了在情侣餐馆举行的一次大型聚会。这 5 对夫妇被安排坐在一张“L”形的桌子的周围，如下图。现已知：

1. 阿米莉亚的丈夫坐在丹尼斯妻子的旁边。

2. 比拉的丈夫是唯一单独坐在桌子的一条边上的男士。

3. 卡丽的丈夫是唯一坐在两位女士之间的男士。

4. 没有一位女士坐在两位女士之间。

5. 每位男士都坐在自己妻子的对面。

6. 埃尔伍德的妻子坐在教授的右侧。

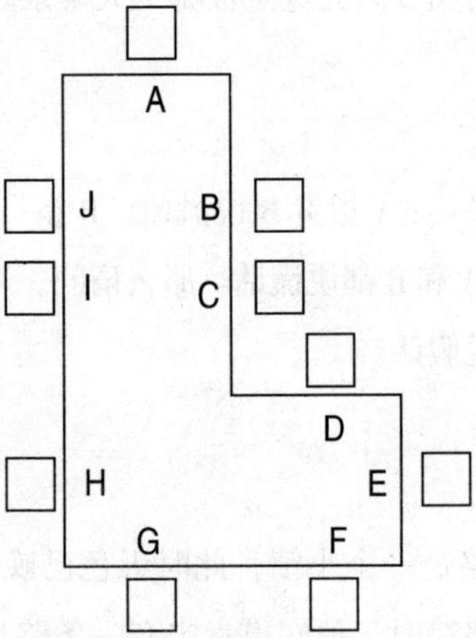

注："在两位女士之间" 指的是沿桌子边缘，左侧是一个女士，右侧是另一个女士。你能准确判断出这些人中谁是教授吗？

76. 哪种花色是王牌

扑克牌有 4 种花色：黑桃、草花、红桃、方块。一副牌局中，某种花色比其他花色同点数的牌大，则称这种花色为王牌。例如，如果方块为王牌，则方块 5 比黑桃 5 大。在某副牌局中，有一手牌包括：

1. 正好 13 张牌。

2. 每种花色至少有一张牌。

3. 每种花色的牌的数目不一样。

4. 红桃和方块总数是 5 张。

5. 红桃和黑桃的总数是 6 张。

6. 王牌的数目是两张。

哪种花色是王牌？

77. 打高尔夫球的夫妇

两对夫妇打了一场高尔夫球。每个人的积分都不一样，不过阿尔伯特夫妇的总积分是 187，和贝克夫妇的总积分一样。下面的句子陈述的是他们的得分情况：

1. 乔治的得分在 4 个人中不是最低的，不过比平均分要低。

2. 凯瑟琳的得分比卡罗尔高 3 杆。

3. 阿尔伯特先生和夫人的得分只差 1 杆。

4. 两个男人的平均得分比两个女人的平均得分高 2 杆。

猜一猜 4 名球手的姓、名（其中一个是哈利）和得分。

	姓	得分
卡罗尔		
乔治		
哈利		
凯瑟琳		

78. 远足者过河

8 位远足者想过一条河。但是河上没有桥，只有两个孩子在一条小船上玩耍。这条小船很小，只能坐两个孩子或一个大人。一个大人和一个小孩坐在船上就会翻船。那么，如何把这 8 个人都送到河那边去呢？

79. 过河

在一条河边有猎人、狼、男人领着两个小孩，一个女人也带着两个小孩。条件为：如果猎人离开的话，狼就会把所有的人都吃掉，如果男人离开的话，女人就会把男人的两个小孩掐死，而如果女人离开，男人则会把女人的两个小孩掐死。

这时，河边只有一条船，而这个船上也只能乘坐两个人（狼也算一个人），而所有人中，只有猎人、男人、女人会划船。请问，怎样做才能使他们全部渡过这条河？

80. 转移矿石的方法

载重量为7吨和13吨的载人宇宙飞船，满载着在月球上发现的新矿石抵达了中转基地。有一架载重量为19吨的载人宇宙飞船正在等着，要求必须把这两架飞船的矿石，重新装到19吨的空飞船和13吨的飞船上，各装10吨。由于是在宇宙空间，所以无法使用重量计量。

你能找出一个正确转移矿石的方法吗？

IQ 答案

POWER-UP

一、形状与序列

1. 图形接龙（1）

答案：B。根据图 (1)、(2) 显现出直线变曲线、曲线变直线的规律，从图 (3) 到选项 B 符合这个规律。

2. 图形接龙（2）

答案：C。每组中前两个图形是直线图形，第三个是曲线图形(椭圆)。

3. 图形接龙（3）

答案：C。主图每行的直线和曲线图形的分布为：曲、直、直；直、曲、曲。C 是直线图形，可使第三行的结构为：曲、直、直，使每行组合构成循环规律。

4. 图形接龙（4）

答案：C。图中全部是封闭图形，且封闭图形没有数量关系。

5. 选出下一个图形（1）

答案：A。前四个图形中的黑色方块依次顺时针移动2、3、4格得到下一个图形，依此规律，所求图形应由第四个图形顺时针移动5格。故选A。

6. 选出下一个图形（2）

答案：B。所给图形中，长线段依次呈顺时针90° 旋转，短线段依次呈顺时针45° 旋转，满足条件的只有B。

7. 选出下一个图形（3）

答案：C。这是道要求按自然数列排列题干中各图形短线“出头”数目的题。经简单计算可知，现有的五个图形短线出头数目依次是3、5、1、2、0，缺少4。故只有C选项符合要求。

8. 选出下一个图形（4）

答案：D。所给图形规律为：每一个图形内部包含的不同元素数量依次为1、2、3、4，则第五个图形应含有5个元素，且原图形组中每个图形内都有两个元素是相同的，那么，符合此规律要求的只有D项。

9. 选出下一个图形（5）

答案：C。所给图形的组成元素的种数分别是1、2、3、4、5，呈等差数列。故选C。

10. 不同的正方形组合

答案：E。这5个图形中只有它左右颜色不对称。

11. 找不同

答案：D。此图由5条线构成，其余由6条线构成。

12. 哪一个与众不同

答案：C。其他三个图形中，中间的大图形可以由两部分小图形拼合而成。

13. 看图片，找规律

答案：B。两种图形分别变化，每次比前一次消失一部分。

14. 图形变化

答案：D。规律是：左边的小圆逐渐右移，底端的小圆逐渐上移。

15. 符号序列

答案：B。里面的图形每次按逆时针方向转30度。

16. 找出同类图形

答案：A。原图形由一个三角形和一个四边形组成，四个选项中只有A项能还原成原图形。

二、数字与字母

17. 数字之窗

答案：21。每行第一个、第三个数字之和，为第二个数字。

18. 数字卡片

答案：$\begin{array}{|c|}\hline 14\\\hline 2\\\hline\end{array}$ 第一行，依次递增 2；第二行，依次递减 11，9，7，5，3。

19. 数字明星

答案：14。每个图形中，第一行差值均为 7，第二行商值均为 4。

20. 数字键盘

答案：20。三行的公差依次为 5、6、7。

21. 数字纵横

答案：4。每一列第一个数与第三个数的和拆分后相加，等于第二个数：4+9=13，13=1+3=4；6+5=11，11=1+1=2……

22. 数字路口

答案：A=7，B=6。中间数字是其上下、左右数字之差。

23. 数字十字架

答案：A=17,B=11,C=4。左右上三个数之和 ÷ 下面数字 = 中间的数。

24. 数字正方形

答案：A=2，B=54。A 中对角数字之商为 3，B 中对角数字之商为 9。

25. 数字转盘

答案：A=9，B=10，C=28。图形 A 中对角的数字相除等于 3，图形 B 中对角的数字相减等于 8，图形 C 中对角的数字相除等于 4。

26. 数字方向盘

答案：A=9，B=13。从最小的一个数开始，按顺时针方向，依次递增2，4，6，8，10。

27. 数字圆中方

答案：11。每个圆内的三个数字（方框外）之和，为同圆内方框内数字的3倍。

28. 数码大厦一角

答案：3。前两个数之和 ÷ 第三个数 = 第四个数。

29. 字母接龙（1）

答案：A。此题中左边三个字母的开口数分别为0、1、2；右边的前两个字母的开口数分别为1、2，因此第三个字母的开口数应是3，即为字母W。

30. 字母接龙（2）

答案：C。题干中的字母图形均为开放性图形，即封闭空间数为零，因此选择封闭空间数也为零的C项。

31. 字母接龙（3）

答案：C。本题是按照字母中可拆分的线条数进行计算的，左边三个字母的线条数均为3，右边前两个字母的线条数同为2，因此选择C项两个线条的字母L。

32. 字母十字架

答案：Y 和 O。从中间的字母入手，外围的字母上下左右分别间隔 4、6、3、1 个字母。

33. 字母桥梁

答案：（1）Q，（2）N，（3）U。此题并非考查字母间隔问题，而是把从 A 到 Z 的 26 个字母编上序号，每个字母代表其序号数，纵向三个字母的和相等，且恰好等于中间字母的序号。

34. “数字 + 字母”圆盘

答案：A=24，B=3。设 Z=1，Y=2，……A=26，将值代入，会发现对角的数字完全相同。

三、逻辑

35. 找出对应项（1）

答案：B。期刊是一种杂志，正如，酱油是一种食品。

36. 找出对应项（2）

答案：B。阅读是一种技能，焊接是一门技术。

37. 找出对应项（3）

答案：B。紫外线是阳光的一部分，氯化钠是海水的一部分。

38. 找出对应项（4）

答案：A。股票是一种有价证券，正如，电脑病毒是一种程序。

39. 找出对应项（5）

答案：D。本题属于属种关系和对应关系。百合是一种鲜花，在花店售卖；衬衣是一种衣服，在商场销售。A选项鲫鱼和动物的属种与百合和鲜花的属种不平行。如改为鲫鱼和鱼类，则可选。

40. 找出对应项（6）

答案：A。打折是促销的一种方式，而促销是竞争的方式。符合这个前后关系的只有A项。

41. 幽默

答案：B。本文的主旨在于强调幽默可以化解障碍，甚至增加生活情趣。B项中的“许多人”为偷换概念，“我们”并不能说明人数的多。

42. 人生目标

答案：C。题中通过数字比较来得出结论。

43. 汽车油耗

答案：D。由文段中的“目前生产的汽车在节油和动力方面的效果已经达到了最佳配置比”可知，既然是最佳，再寻求突破当然难度很大。

44. 留大胡子的人

答案：C。“所有导演都是大嗓门”，“有些导演留大胡子”，“所以，有些留大胡子的是大嗓门”。这是有效的三段论。所以，正确的答案是C。

45. 烦心的问题

答案：E。“时时刻刻缠绕”与“在工作非常繁忙或心情非常好的时候，便暂时抛开了”矛盾。全称肯定命题与特称否定命题不可能同时为真，犯了自相矛盾的错误。所以答案为E。

46. 空间探索

答案：D。这是个转折关系复句，转折词后面的句子是强调的重点。第一句强调重点就是空间探索的意义和作用，第二句对此进行进一步的阐述。所以选择D选项。

47. 广告

答案：D。典型的总—分式层次脉络，首句提出“供过于求”这一现象。第二句是对第一句的进一步阐释说明，提出了广告的产生。由此可知正确答案应该为D。

48. 文化和语言

答案：C。第一、二句构成了因果关系，“所以”引导的结论性语句重点强调“语言的文化性”。而第三句是用假设关系的偏正复句举例说明缺乏文化性的后果，以此来进一步解释第二句。所以选择C选项。

49. 北冰洋海底

答案：C。文段指出“从美国阿拉斯加州的北端到欧洲北部的大陆架，都可能有丰富的石油储藏”，表述的是可能性，而选项C“欧洲北部大陆架有丰富的石油储藏”表述的是确定性，与原文不符。C选项错误的原因就在于偷换了可能与确定的概念。

50. 中国的沙漠

答案：A。文段首句提出中国沙漠与火星环境最为相似，为科学家提供了最好的实验室。接着解释了原因：中国的沙漠符合了科学家们需要的将寒冷和干燥相结合的极端环境。整个文段为典型的因果关系——前果后因。最后提出沙漠的研究价值在于最极端环境中生命的生存，从而推测外星生命。因此综上所述，中国的沙漠为外星生命的研究提供了最为相似、最为理想的场所。所以选择A选项。

51. 火山

答案：C。本题要求对原文的主旨进行概括，需要把握住文段中的各个方面。只有C项是对原文的全面概括。A和D都是描述的一个方面，而B项在文段中没有提及。

52. 司机与交警的对话

答案：C。焦点题作题的技巧就是找争论双方共有的核心词语。

题干中司机的核心词语有：有经验的司机、安全行驶、最高时速改为、违反交规；而交警的核心词语有：法律规定的速度、最高时速修改、违规行为。比较两者，共有的核心词语为：最高时速修改、违规。可见只有选项C最为概括。

53. 行为科学

答案：B。典型的总—分式行文脉络。首句为中心句，提出工作中人际关系比较简单。第二句和第三句是对首句的解释说明。所以选择B选项。

54. 发明家

答案：D。此题首句是中心句，转折之后强调“发明家处境困难”。后面两个句子是对前一句的解释补充。尾句用“然而”进行转折，强调“没有发明家这种职业，也没有人付给发明家薪水”。由首尾句综合即可判断得出D项正确。

55. 潜在目标

答案：D。由题干知，大型游乐公园里有两个经营项目：现场表演与公园餐馆。从题干的陈述不难发现，第一个项目是为第二个项目服务的，即现场表演的目的，是通过对人群流动的引导，在尽可能多的时间里最大限度地发挥餐馆的作用。因此，D项恰当。

56. 玉米年产量

答案：C。这段话第一句讲了美国玉米在全球粮食市场比重大（对应选项B），第二句讲美国《新能源法案》影响世界粮食市场，第三句讲由于消费突涨，全球玉米库存出现历史低位（对应选项A），最后一句讲全球期货现货市场因此受到的影响。这四句话可以分为两个层次，前两句是一个因果关系，后两句是一个因果关系。而文段专拿美国为例，正是由于美国对全球粮食市场影响大，所以美国玉米20%被用于乙醇酿造是全球粮食紧张的真正原因，消费突涨只是诱因。所以文段强调的还是美国玉米政策对全球的影响。所以答案应当选C。

57. 音乐欣赏

答案：C。分句1：音乐欣赏并非仅以接受而存在，还以反馈方式给音乐创作和表演以影响；分句2：它的审美判断和选择往往能左右作曲家和表演家的审美；分句3：每个“严肃的”音乐家都注意信息反馈，来改进自己的艺术创造。

三个分句结合，宏观推出 C：音乐欣赏者的审美观对于音乐家来说也很重要。

58. 商业设计

答案：C。 文段首句明确了观点，其后的内容则是对观点的证明。因此明确了首句为主题句，其中存在一个转折性引导词“但”显示了明显的转折关系，所以“商业设计也许越来越被赋予艺术创作和欣赏的价值，但它根本的出发点和落脚点永远是把产品的特质用艺术的方式展现给顾客”一句的意思即：成功的设计必须能够艺术地展现产品特质。所以选择 C 选项。

59. 奇诗

答案：巴黎人把诗分成上下两截来读。此诗的真正读法为：

让我们敬爱，永恒英吉利；让我们诅咒，世上的纳粹。我们要支持，海上的儿郎；唯我们应得，胜利的荣光。元首希特勒，是不配生存，那海外民族，唯一将永生。德国的元首，将断送远征；公正的责罚，唯军队有份。

60. 血写的 X

答案：5 根手指 +X（10，罗马数字）=15。暗示凶手在 15 号房间。

四、空间

61. 适合的图形

答案：E。

62. 包装盒

答案：B。

63. 找出对应纸盒

答案：C。由左边图形可以看到，带对角线的两个面是相对面，不可能相邻，因此C项不符合要求。

64. 看图片找规律

答案：3条。翻转第1条、第3条和第6条，或许你通过星形图案已经做出了判断。

五、推理

65. 她能离婚吗

答案：因为这对夫妇对每件事的意见都有分歧，那么妻子想离婚，丈夫不想离；而丈夫想离婚，妻子又不想离。总之，两人难以在离婚问题上达成共识。

66. 赛跑

答案：4次比赛的名次如果分别为① A、B、C、D；② B、C、D、A；③ C、D、A、B；④ D、A、B、C的话，就会出现题中所述的情况了。

67. 死刑犯

答案：死刑犯回答的是：“上绞刑架。”行刑官如果说他猜错了，按他事先说的，应执行绞刑，但这样一来，死刑犯说的又对了，应执行枪决。如果执行枪决，死刑犯说的就是错的，而说错了应执行绞刑。

因此，无论怎样执行都是矛盾的。

68. 小岛方言

答案：能喝。这天是晴天，这个土族人如果是说真话的，那么关于“好天气”的回答为“是”，“呜呜哇哇”就是“是”的意思了，则“能喝吗？”的回答为“是”。如果说的是假话，问天气时回答的“呜呜哇哇”就是“不”的意思。那么，“能喝吗？”回答的是“不能”，因为他说的是假话，所以水池的水是能喝的。结论是这个土族人不管是说真话的人还是说假话的人，水都是能喝的。

69. 猜头花的颜色

答案：红色。A 看到一红一蓝，回答不知道；B 通过 A 的回答，猜测 A 看到两红或一红一蓝。如果 B 看到 C 戴蓝色的头花，代表 A 看到一红一蓝，B 就能推断出自己戴红色的头花；如果 B 看到 C 戴红头花，B 就不能推断自己戴什么色彩的头花，也就是说 B 回答不知道，代表 B 看到 C 戴红色的头花，所以 C 就知道自己戴红头花。

70. 盲人分袜子

答案：将每双袜子都分开，每人各拿一只，这样每人都将得到两只黑的和两只蓝的，因袜子质地和型号都是一样的，因而便可凑成一双黑的和一双蓝的了。

71. 彩色袜子

答案：3 只。许多试图解答这道趣题的人会这样对自己说：假设我取出的第一只是红色袜子，我需要取出另一只红色袜子来和它配对，但是取出的第二只袜子可能是蓝色袜子，而且下一只，再下一只，如此取下去，可能都是蓝色袜子，直到取出抽屉中全部10只蓝色袜子。于是，再下一只肯定是红色袜子。因此答案是12只袜子。

但是，这种推理忽略了一些东西。题目中并没有限定是一双红色袜子，它只要求取出两只颜色相同从而能配对的袜子。如果取出的头两只袜子不能配对，那么第三只肯定能与头两只袜子中的一只配对。因此正确的答案是3只袜子。

72. 被哪个学校录取了

答案：阿呆、阿聪、阿明分别被哈佛大学、牛津大学、麻省理工大学录取。假设阿明被麻省理工大学录取正确，根据甲、乙，阿呆就不会被牛津和麻省理工录取，那么他一定被哈佛录取；阿聪就要被牛津大学录取，符合题设条件。

73. 真假难辨

答案：竖着看表：有一人说A说谎，有两人说B说谎，也有一人说C说谎。既然A和C都说B说谎，那么他们俩要么都说谎，要么都说真话。如果A和C都说真话，那么C就不会指责A说谎话，这显然与题中C指责A说谎话相矛盾。因此A和C都说真话的假设是不成立的。所以只有A和C都说谎话，那么B就是说真话的，验证B对C的指责也是正确的。所以最后判断的结果是：B说真话，A和C都说谎话。

74. 走哪条路

答案：假设第一个木牌是正确的，那么第一个小木牌所在的路上就有宾馆，第二条路上就没有宾馆，第二句话就该是真的，结果就有两句真话了；假设第二句话是正确的，那么第一句话就是假的，第一、二条路上都没有宾馆，所以走第三条路，并且符合第三句所说，第一句是错误的，第二句是正确的。

75. 谁是教授

答案：如下图：

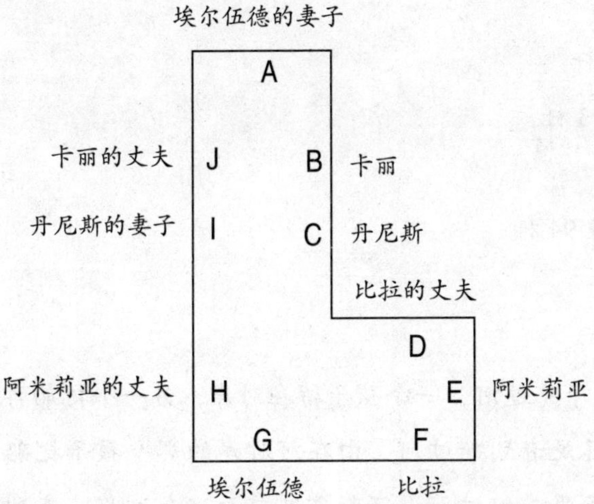

76. 哪种花色是王牌

答案：根据条件 4 和条件 5，红桃的数目必定小于或等于 4。假设红桃的数目是 1，则方块的数目是 4，黑桃的数目是 5，草花的数目是 3，这和王牌的数目是 2 矛盾，故不成立。假设红桃的数目是 2，则方块的数目是 3，黑桃的数目是 4，草花的数目是 4，和每种花色的牌的数目不一样多的条件矛盾，故不成立。假设红桃的数目是 3，则黑桃的数目也是 3，同样不成立。假设红桃的数目是 4，则方块的数目是 1，黑桃的数目是 2，草花的数目是 6，成立。因此黑桃是王牌。

77. 打高尔夫球的夫妇

答案：考虑到 4 个球手的平均分是 93.5 杆（187 除以 2），因此，根据陈述3，阿尔伯特夫妇中，一个人的成绩为93，另一个是94。根据陈述4，两个男人的平均分是94.5，两个女人的平均分是92.5。根据陈述2，凯瑟琳的成绩必定是94，卡罗尔的成绩是91。因此凯瑟琳姓阿尔伯特，根据陈述1，她的丈夫是乔治，乔治的成绩是93。卡罗尔·贝克的丈夫是哈利，哈利的成绩是96。

结果是：

卡罗尔·贝克 91 杆

乔治·阿尔伯特 93 杆

哈利·贝克 96 杆

凯瑟琳·阿尔伯特 94 杆

78. 远足者过河

答案：让这两个孩子先过河，一个孩子留在对岸，另一个把船再划回来。这时让一个远足者划船过河，由在河对岸的那个孩子把船划回来，然后两个孩子再一起过河。不断重复前面这个过程，直到最后一个远足者也被送到河对岸去为止。

79. 过河

答案：第一步：猎人与狼先乘船过去，放下狼，回来后再接女人的一个孩子过去。

第二步：放下孩子将狼带回来，然后一同下船。

第三步：女人与她的另外一个孩子乘船过去，放下孩子，女人再回来接男人；

第四步：男人和女人同时过去，然后男人再放下女人，男人回来下船，猎人与狼再上去。

第五步：猎人与狼同时下船，然后，女人再上船。

第六步：女人过去接男人，男人划过去放下女人，回去接自己的一个孩子。

第七步：男人放下自己的一个孩子，把女人带上，划回去，放下女人，再带着自己的另外一个孩子。

第八步：男人再回来接女人。

80. 转移矿石的方法

答案：用 3 架飞船，按照下图所列顺序，搬动 16 次即可。

	19吨	13吨	7吨
次数	0	13	7
1	7	13	0
2	19	1	0
3	12	1	7
4	12	8	0
5	5	8	7
6	5	13	2
7	18	0	2
8	18	2	0
9	11	2	7
10	11	9	0
11	4	9	7
12	4	13	3
13	17	0	3
14	17	3	0
15	10	3	7
16	10	10	0